U0381864

文明进程中的可持续发展研究

程海东　著

中国社会科学出版社

图书在版编目(CIP)数据

文明进程中的可持续发展研究／程海东著．—北京：中国社会科学出版社，2016.4

ISBN 978-7-5161-8463-9

Ⅰ.①文…　Ⅱ.①程…　Ⅲ.①可持续性发展—研究　Ⅳ.①X22

中国版本图书馆CIP数据核字(2016)第146153号

出 版 人　赵剑英
责任编辑　冯春凤
责任校对　张爱华
责任印制　张雪娇

出　　版　中国社会科学出版社
社　　址　北京鼓楼西大街甲158号
邮　　编　100720
网　　址　http：//www.csspw.cn
发 行 部　010-84083685
门 市 部　010-84029450
经　　销　新华书店及其他书店

印　　刷　北京君升印刷有限公司
装　　订　廊坊市广阳区广增装订厂
版　　次　2016年4月第1版
印　　次　2016年4月第1次印刷

开　　本　710×1000　1/16
印　　张　14.25
插　　页　2
字　　数　200千字
定　　价　55.00元

凡购买中国社会科学出版社图书，如有质量问题请与本社营销中心联系调换
电话:010-84083683
版权所有　侵权必究

目　录

导　论

人本来是自然生态链上的一个环节。原始时代的人类，靠采集植物的果实、根茎和猎取其他动物为生。这种生活方式就是大鱼吃小鱼式的弱肉强食的生活方式。只不过人处在整个生物链的顶端，他们吃的范围最广，从动物到植物，从菌类到昆虫都能够成为人们果腹的美味。我们的祖先对大自然的赐予充满了感激之情。他们认为每一种自然物的背后都有一种神秘力量的支配。他们对每一种与他们生活休戚相关的事物都心存敬畏。他们从没有想到要征服自然、改造自然。这时人基本上是以自然生态的方式生存。这种生存状态就像生活在伊甸园中的亚当和夏娃，他们没有智慧（自我意识），没有羞耻感（伦理意识），在伊甸园（自然生态）中无忧无虑地生活。这是一幅人与自然和谐的画面。但是这种人与自然的和谐是一种“自在”的和谐，缺乏人类自我意识的自觉，是人类低下生存状况的反映。人一旦被逐出伊甸园（成为改造自然的“自为”存在，有了自我意识），就再也回不来了。他们只能依靠其智慧发展出超生态的生存方式，从而打破这种人与自然的原初和谐。

古希腊有一则普罗米修斯盗火的神话。天神普罗米修斯来到大地上创造了人类。看到人类的苦难，普罗米修斯从天上为人类盗来了火种。人类有了火，有了温暖，不再害怕寒冷的冬天、漆黑的夜晚和野兽的侵袭。但是，普罗米修斯却被最高的天神宙斯锁在高加索的山顶上，每日被秃鹫啄食他的腑脏。

人类有了火，火却是盗来的，而且盗火的英雄备受折磨。人类对自己的创造、对自己的力量感到畏惧。但是，不管怎么说，有了火的人类开始强大起来。他们用火取暖、猎取食物，后来又用火开始了“刀耕火种”的农业时代。农业使人们的生活有了进一步的保障。这时，人类与生态环境的矛盾也开始初步显现出来了。农业区域的特点已经不同于“自然生态体系”。人们把原来的森林、沼泽、湿地，变成了农田，把野生植物驯化成了农作物，把野生动物驯化成了家禽、家畜。农业区域成了不同于自然生态体系的一个独特的“亚生态体系”。这个亚生态体系仍然按照自然生态的方式进行物质、能量的循环。但是，这种生态循环已经不同于自然生态体系的循环。在自然生态体系中，每一个物种、每一个生物都只不过是整个生态体系中的一个部分，生态循环完全按照生态规律进行。农业亚生态体系则是以人类为中心建立起来的，所有的生态循环都被迫按照人的利益进行或受到人类活动的巨大影响。这时，人类活动已经开始对自然生态环境造成压力。我们会发现，农业时代，森林、沼泽、湿地这样一些自然生态环境在稳步的减少，野生物种灭绝的速度已经大大快于此前自然生态中物种灭绝的速度。在一些生态平衡比较脆弱的地方，人类活动甚至导致自然生态体系的彻底破坏，使人类自身也难以继续在当地生活下去。楼兰遗址就是这样一个典型的例子。然而，农业毕竟是按照生态的规律进行物质、能量循环的，它不会产生多少污染；对自然资源的利用，也是非常有限的。所以，农业文明时代，从总体上说没有产生严重的生态环境问题。

生态环境问题的产生并成为世界性的问题，是在工业文明诞生之后。在工业文明条件下，由于人们日渐全面、深入地认识自然规律，能够全面利用自然力达到自己当下的目的，使得工业体系所到之处立即对当地环境产生巨大影响，生态体系开始发生本质性的变化。工业化的初始阶段，人类只是对当地的局部的生态环境造成破坏，包括局部的污染和个别区域生态体系的破坏等，我将之称为“生态的局部裂变”。随着全球化的进程，生态开始发生深度裂变，大规模热带雨林的消失、生物多样性的减少、臭氧层的破坏和温室效应等导致生态环境的基本要素受到致命威胁。工业文明之所以产生这样的恶性后果，根源在于工业文明独有的“知识—机器—市场”的机制。

科学知识是工业文明大肆扩张的基础。近代以来的思想家们主张，我们要“逼问”，甚至是“拷问”自然，以便从中发现自然的规律，从而把知识转化为巨大的力量，去改造自然造福人类。在某种意义上可以说，科学知识是工业文明的力量之源。人类的物质文明成果，以及为了获得这一成果带来的生态裂变，都与这一力量源泉有关。同时，科学对自然的“祛魅”（古人认为，自然是有情感、有灵性，与人类血肉相连的存在。近代以来，自然就是一种客观存在，是可以被人利用的资源，消除了一切关于自然的神秘观念，这就是祛魅），改变了人类自原初以来对自然的敬畏与膜拜态度，人类开始肆无忌惮地、无约束地改造自然，使人与自然的和谐关系最终被打破。

机器是人类在科学知识基础上改造自然的强大工具体系，正是这一体系把科学知识的潜在力量变成现实。这一体系既是工业文明的物质基础，又是导致生态裂变的元凶。

科学知识、机器体系是在市场经济中发挥作用的。市场经济把所有社会主体都转变为经济利益主体。经济利益的驱动成为知识增长、机器体系扩张的动力。市场经济的扩张本性，把工业文明体系带到了全世界，也把生态环境危机带到了全世界。在市场中，追求经济增长成为一种不可遏制的独立的力量，大规模消耗资源、奢侈性的消费成为社会运作的惯性。个人、企业（包括其他社会组织）、政府等一切社会主体及其活动都被经济增长和经济利益所左右。在这种情况下，经济问题、经济利益在任何时候都是第一位的，任何其他问题，包括生态环境问题都屈居经济增长和经济利益之下。为了追求经济利益，个人、企业，乃至国家都在拼命地开发资源、消耗资源。正是在这种开发和消耗中，生态环境问题日益恶化。要解决这种生态的裂变问题，必须对工业文明体制进行全面反省和改造。

早在19世纪，许多人就对象征工业文明的都市心生厌恶，主张回到乡村，回到人与自然和谐的大自然中。到了20世纪，生态环境问题逐步凸显出来。1962年，蕾切尔·卡逊出版了她划时代的环境问题名著《寂静的春天》。该书的内容和围绕该书的争论，唤起了公众对生态环境问题的关注。1972年，罗马俱乐部，一个非官方组织，发表了轰动一时的研究报告《增长的极限》。这一报告系统揭示了我们的工业时代所面临的资源、人口、环境压力，告诫我们，工业经济的增长不是无极限的。许多学者也相继开始反省工业文明和工业文明的生态环境后果。被唤起的公众，也展开了声势浩大的生态环境运动。各种生态环境组织真是如雨后春笋般地成长起来。各国政府也相继开始把生态环境问题纳入议程之中。1972年6月5日，联合国首次人类环境会议在瑞典斯德哥尔摩举行。这标志着生态环境问题开始成为世界性关注的焦点问题。

自20世纪70年代以来，联合国以及一些区域组织，通过了一个又一个的宣言、议程、议定书，呼吁人们重视并解决生态环境问题。各国政府也都相继成立了专门的环境部门，通过了一系列的法律，以对付日渐严重的生态环境问题。这些努力得到了回报，局部性的环境污染，特别是发达国家的环境污染问题得到了有效控制。但是，全球整体的生态环境形势不容乐观。

全球变暖的趋势没有遏止的迹象，荒漠化问题严重，大气污染仍然没有根本性的改观，生物多样性继续受到威胁……而且，人类在解决这些紧迫的、全球性生态环境问题上仍然没有采取协调一致的行动，发达国家不愿意放弃高消耗的生活方式，不愿意承担它应负的援助义务；发展中国家仍然在通过消耗自己的环境资源来追求现代化发展，这一切与我们从根本上解决生态环境问题的努力是背道而驰的。我们不禁要问，为什么？在如此紧迫的生态环境问题上，人类的协调行动为什么这么难？答案实际上很简单，为了利益。

在知识—机器—市场的工业文明体制下，所谓社会发展就是越来越深入地认识自然规律，然后用强大的机器体系去获取并加工自然资源，最后通过市场竞争来分配最终被消耗的资源。谁都想尽可能多地享受地球母亲为我们提供的资源，与此同时尽可能少地承担对生态环境问题的义务，这就是工业文明体制下经济增长的实质。同时，这也就是世界各国在温室气体排放问题上难以达成协议的体制性根源。很简单，限制二氧化碳的排放，就等于限制经济增长；在市场经济的竞争中，哪个国家也不愿意率先做出这样的牺牲。因此，要从根本上改变生态裂变的趋势，解决生态环境问题，就必须反省改造知识、机器与市场的工业文明体制，重建人与自然的和谐关系，建立一个技术、社会与伦理导向的生态文明机制。

如果我们想在保持现有物质文明成果的基础上，解决生态环境问题，科学技术仍然是我们前进的知识基础。只是我们必须牢记，科学技术也具有两面性。它既可以造福于人，也可能被错误地利用而危害人类自身。所以，科学技术需要约束和选择。从生态环境问题的角度看，约束和选择的标准是环境保护主义者提倡的“绿色技术”，即任何一种技术在投入应用之前，都应该被证明对生态环境无害或有利于解决已有的生态环境问题。通过绿色技术的选择，使我们既保持物质文明的成果，又造就一个人与自然和谐的新的文明形态。核技术，特别是核聚变技术的突破，将为我们解决能源不足，以及煤炭、石油等化石能源燃烧造成的严重污染，提供一个有效的途径。基因技术，虽然存在着潜在的危险性，如果我们能够谨慎地开发、利用，也将会大幅度减少由于大量使用农药、除草剂乃至化肥等化学制剂带来的污染。纳米技术，这个21世纪最有前景的技术，也将会为我们降低资源、能源的消耗，减少并治理污染提供一个新的前景。

当然，技术不能决定一切。一个新的文明形态的建立要依靠整个社会的努力，改造旧的文明体制。社会必须通过政治、法律、经济体制的重构，对市场经济、技术发展中危害生态环境的方面进行限制和制约。就技术而言，既要建立防止有害生态环境的技术泛滥的机制，又要建立有利于绿色技术研究和应用的利益格局，使技术发展与生态文明的建立相协调。就市场经济而言，它确实是资源配置的有效手段，追求利益也确实是社会发展的驱动力之一。但是，任何利益主体追求利益的活动，都必须纳入社会的一定控制之内。实际上，传统市场经济也不是无控制的。问题是，那种控制只是要求经济利益主体之间保持有序竞争，远远达不到生态文明的要求。我们的目标是建立有利于生态环境保护的利益格局和约束机制，使生态环境标准成为包括经济活动在内的各种社会主体的活动的基本规则。

一种新的文明模式的出现仅仅只依靠强制性的规则是不行的。新的文明需要人的新的行为模式，而新的行为模式只有在人们自觉的伦理活动中才能实现。与生态文明相适应的伦理就是发展伦理。

生态伦理，是较早提出的关于生态环境保护的伦理主张。美国环境保护先驱奥尔多·利奥波德在20世纪上半期，就提出了土地伦理。认为人和土地、水、动物、植物都处在同一个共同体中，人不应该把自己看成一个征服者，而应该是负起责任的公民。此后，许多环境保护主义者都谴责近现代社会对自然的“祛魅”，要求重新建立人与自然的情感联系。在理论上，美国学者霍尔姆斯·罗尔斯顿提出了生态伦理学。他认为，其他生物和人具有相似的生命形式，只是发展程度不同。人作为高度发达的生命，不仅在人们之间相互负有伦理的义务，对其他生命形式也负有“最低限度的义务”。这种观点不啻是对沉湎于物质消费，不顾生态环境恶化的人们的当头棒喝。但是，生态伦理实际上等于认为，自然生态的存在具有与人同样的权利和价值，人负有对自然生态存在的义务。这样生态伦理就赋予自然生态存在以伦理主体地位。既然如此，人就不应该侵犯自然生态存在的权利。循此思路，逻辑的结论必然是我们对自然生态不应有任何改变，因为自然生态有其自行规律，改变生态就意味着对自然权利的侵犯。这实际上否定了人类社会发展的价值意义，从而也与人类本身的生存方式背道而驰。一些极端的生态主义者甚至认为人是自然界的害虫。所以，在棒喝之后，这种观点除了赢得环境保护主义者的喝彩之外，其极端的观点难以对公众产生影响。反而是一种传统伦理与社会发展相结合的朴素观点，使公众有了生态环境意识。这种观点就是，为子孙后代负责，走可持续发展的道路。发展伦理正是在此基础上提出的伦理要求。

发展伦理认为人类生活在同一个地球上，根植于同一个生态系统。某个国家、地区生态环境的破坏，不仅危害自己，而且危害他人。保护环境就是对他人负责。人类要一代代发展，总是离不开前人活动留下的基础。每一代人都受惠于前人的遗产，因此每一代人也都有义务为后代人留下可持续发展的条件。工业化时代，人们深入干预自然过程，向自然索取。这个索取的合理限度就是后人的可持续发展。这一点上升到人的责任，这就是每一代人对后代人的道德伦理责任。

在这个走向生态文明的时代，我们不能把生态环境问题仅仅只看作是一个经济问题、法律问题或政治问题，还应该把它看作一个伦理道德问题。只有人们树立了有关生态环境的道德意识，人们才可能自觉地协调行动，从破坏了人与自然和谐的工业文明，走向重建人与自然和谐的生态文明。

第一章 原始自然:可持续发展的根基

第一节 原始自然的生成

现代科学认为人和他所在的生态圈以及整个宇宙并不是从来就有的，这一切都有一个产生发展的过程。按照现代宇宙物理学的看法，宇宙产生于大约150亿年前的大爆炸。这个大爆炸非常奇特，与我们通常理解的爆炸不一样。它不是发生在某一个确定地点，而是在各处同时发生，一开始就充满整个空间的爆炸，爆炸中诞生的每一个粒子都背离其他粒子而去。也许许多人对这种大爆炸迷惑不解，而在一些神学家看来，大爆炸理论表明宇宙有一个起点，这个起点正是由上帝支配的。教皇保罗二世就声称：在大爆炸之后的宇宙演化是可以研究的，但是我们不应该去问大爆炸本身，因为那是创生的时刻，是上帝的事物。物理学家却并不认为这有任何神秘之处，借助于相对论和量子力学，大爆炸本身也是可以解释的。

宇宙从体积为零的量子状态开始爆发，产生千万亿度的高温。一秒钟之后，膨胀着的宇宙的温度下降到100亿度左右。此时的宇宙仅仅只有光子、电子、中微子和它们的反离子，以及一些质子和中子。随着宇宙的进一步膨胀，温度继续降低，氢核，然后是氦核产生了。但是，这时的宇宙还没有我们今天看到的星辰，距离生命的产生也还非常遥远。在此后的一百万年中，宇宙只是继续膨胀，直到温度下降到几千度时，电子和核子开始结合为原子。由于引力的作用，宇宙膨胀速度逐步减慢，原始物质凝聚在一起，星系产生了。星系又被分割成为更小的星云，在星云的核心逐步形成了恒星。这些恒星又剧烈地聚变、演化，在亿万年的过程中形成第二代、第三代恒星。我们的太阳就是这种第二代或第三代的恒星，它大约是在50亿年前，从包含有更早的超新星碎片的旋转气体云形成的。气体云的大部分形成了太阳，少量的重元素聚集在一起，形成了像地球这样绕太阳公转的行星。

地球也在这个过程中诞生了。它不像早期人类所想象的那样是宇宙的中心，倒是有点像太阳的副产品。这一副产品一开始也具有极高的温度，而且没有大气。随着时间的流逝，地球慢慢冷却下来，从岩石中溢出的气体形成了它的大气层。这时的大气由大量的水蒸气、氢气、氨气、甲烷和二氧化碳组成，绝大多数生命形式不可能在这样的条件下生存。在太阳强烈的紫外线照射下，一部分水蒸气分解成氧气和氢气；另一部分，随着地球温度的进一步下降，凝结成雨倾泻到大地上，形成了原始的江河湖海。

一般认为地球上的生命是起源于原始海洋。原始地球和它的大气层是由无机分子组成的，强烈的紫外线、雷电、火山爆发、陨石撞击刺激着这些无机分子进行化学反应，逐步合成了氨基酸、糖、核苷酸、嘌呤、嘧啶等组成生命必不可少的有机物。这些有机物随着降雨会聚到海洋中。随着时间的推移，原始海洋中的有机物含量越来越多，浓度达到大约1%，就像一锅营养丰富的肉汤。生命就在这锅“肉汤”中孕育着。

氨基酸、核苷酸只是有机小分子，是构成生命的材料，还不是生命。又经过千万年的演化，小分子聚合成了生物大分子：蛋白质和核酸。生物大分子具有极大的分子量，并且非常有序地排列成螺旋状的形态，已经有了生命的特征。原始生命正是由蛋白质和核酸构成的多分子体系。从具有生命特征的生物大分子到真正的生命，是一个巨大的飞跃。对这一飞跃的细节，现代科学还没有研究清楚。而且，最初的生命也不具备现在所熟知的细胞的形态，大约就像病毒或类病毒。又经过数亿年的演化，才产生出在一层细胞膜包裹下的原始细胞生命。大约在34亿年前，产生了具有简单内部结构的原核细胞。

至此，大气中的氧绝大部分是以二氧化碳的形式存在，所以原始生命都是依赖氮气生存的，称为厌氧或异氧生命。原核细胞又不断分化和发展，有些成为细菌，有些在细胞内产生了叶绿素，发展成为能够自养的蓝藻，它们能利用光能，进行光合作用，把无机物合成有机物。光合作用把氧气从二氧化碳中释放出来，形成游离氧。游离氧使大气圈中形成了臭氧层。臭氧层阻挡了紫外线的辐射，保护了生命，有利于生命的发展。游离氧的出现为早期的生物由厌氧发展为喜氧创造了条件，最后分化出了喜氧生物，由原来的无氧呼吸发展为有氧呼吸。有氧呼吸大大地提高了新陈代谢效能，有力地促进了生命的进一步发展。约18亿年前，地球上出现了比原核细胞更加高级的真核细胞，使生命发展超出了单细胞阶段，向多样化和复杂化方向发展。

一切高级多细胞生物都是由真核细胞发展而来的。多细胞生物逐渐进化，发展出了植物和动物，又开始了动物和植物的分化。不过，此时的生物还都生活在水中。大约距今3.5亿—4亿年前，从绿藻类发展出一支并登上陆地形成第一个陆生的裸蕨植物。植物从水生到陆生，不仅引起了植物本身生理功能和形态结构的变化，而且对于在此以前一直在水域中生活的动物也有重大影响，使某些动物也开始登上陆地，并向陆地生活转变和发展。从此，几乎遍布地球的各个角落都被适应当地环境的生物所占领，地球上有了充满生机的生态圈。在这个生态圈中，各种生物按照达尔文所描述的遗传变异和自然选择的原则展开生存竞争，不断进化。植物从苔藓发展到孢子植物、蕨类植物、裸子植物和被子植物，使地球上有了以绿色为基调，以五彩斑斓为点缀的庞大植物群落。动物的发展分化更为复杂，从水生动物到两栖类动物、陆生动物；由无脊椎动物到脊椎动物；由卵生动物到哺乳动物……人类则是由高级哺乳动物到类人猿发展进化而来。

从大爆炸到太阳系的诞生大约经历了100亿年，从地球的诞生到地球上生命的出现用去了10亿年。从生命的出现到包括人类在内的生态圈的最后形成则用去了40多亿年的时间。生态圈是经过漫长的时间和复杂的演化才形成的。《创世纪》和各种创世神话关于宇宙和人类诞生的描述实在是太浪漫了，不过《圣经》的话从另一个角度给我们以启示：人确实是这个生态圈甚至是整个宇宙中不同一般的存在，依赖这个生态圈给我们提供的万物，不能破坏这个生物圈而危及人类自身的生存和发展。

第二节　原始自然的构成

在古希腊神话传说中，地球上的一切生命都由大地母亲盖娅掌管。她哺育、管理着大地。所有的生命都来自于盖娅，最后又回归到她。一些人由此得到启发，认为地球和生长于其中的生物组成一个统一的超级生命，他们把这个超级生命称为盖娅。每一种个别的生命都是盖娅的一个有机的组成部分，不能离开她而存活。这是有一定道理的。一天天强大起来的人类，作为盖娅的一个组成部分，能够离开大地吗？答案显然是否定的。

原始自然是一个非常复杂的系统，可以从地质学、地球物理学、宇宙学等不同的角度对她进行研究。从人和生命存在的角度，我们可以把她看作是一个生物圈。1875年奥地利地质学家休斯在出版的一本关于阿尔卑斯山起源的小册子中，首次应用了“生物圈”一词。当时并没有引起人们的注意。苏联科学院院士维尔纳茨基1926年、1929年分别在苏联和法国发表了题为《生物圈》的两篇演说后，这一概念才引起了人们的广泛关注。1970年，美国出版的《科学美国人》月刊以专刊的形式，比较系统地总结了有关生物圈主要方面的基本内容。其中哈奇逊的一篇论文，对于生物圈的基本特点作了综合性的评述。所谓生物圈是地球表面各种生物以及支持各种生物的物质条件构成的一个薄薄的圈层。从人类目前对宇宙的了解程度来看，地球生物圈是在一个非常独特的，可以说是得天独厚的条件下发展起来的。这些条件归纳起来有这么几条：

（1）太阳——稳定的能量来源

地球上一切生命具有活力的能量，最终起源于太阳，正所谓万物生长靠太阳。太阳以氢、氦为燃料，通过核聚变的方式放射出巨大的能量。现在太阳正处在它的青壮年时期，能够为人类恒定地提供能量。如果是一个幼年或老年的恒星，处在剧烈的变化时期，生命是不可能存在的。另外，地球与太阳的距离，地球的自转和公转，使太阳的能量适中地、相对均匀地传播到地球表面，使各种生命都找到一个适宜于自己生长的环境。如果像金星、水星那样距离太阳太近，高达几百度的温度足以杀死任何生命；如果像海王星、木星那样距离太阳很远，生命存在和发展又缺少足够的可以利用的能量。所以，恒星虽然像“恒河沙数”那样充斥宇宙时空，但是像太阳这样支持生命系统的恒星在人类现有的研究范围内还是唯一的。

（2）水——生命的介质

地球上的生物最先诞生于海洋的水环境中，这不是偶然的。今天我们所知道的所有生物都与水有关。水是生物保存、传递营养物质和能量的介质。没有水生命无法存在。液态水是许多生命直接的生命之源。但是气态（水蒸气）和固态（冰雪或与其他固态物质结合的水）的水也是必不可少的。水三态的并存和依次的转换，调节着陆生生物所需要的水，特别是淡水的供应。水的三态循环也调节着气候的变化，为多样性生物创造不同的生存条件。地球上的水并不缺乏。从太空观察，地球是一个蓝色的星球，71%的地球面积为水所覆盖。据科学家估计，地球储水总量13.7亿立方公里。这是一个非常庞大的数字。但是，这些水绝大多数是不能直接利用的海水。陆生动植物生长所需要的淡水，只占地球水储总量的2.5%。而且淡水的68.7%又封存于两极冰川和高山永久性积雪之中，因此，地球上只有不到1%的可利用淡水，存在于地下蓄水层、河流、湖泊、土壤、沼泽、植物和大气层中。所以，水对于生物圈是非常宝贵的资源。

（3）大气——生命的保护层

大气是生命物质能量循环的一个重要环节，动物和植物都需要通过呼吸空气进行生命活动。地球的大气层的重要性还表现在它为生命存在提供了一个保护罩。我们这个密度适宜的大气层把太阳传导到地球上的能量保持下来，不使它迅速地跑掉，起到“温室效应”的作用，使各种生命存在有充足的能量。同时，大气层外圈的臭氧层吸收了大量对生命有破坏力的太阳紫外线，使陆生生命和高等生命的发展成为可能。另外，稳定的大气压、大气环流对于生命的稳定发展也是必不可少的。

（4）三相物质界面——生命的支持系统

这个界面是固体相的岩石圈、液体相的水圈与气体相的大气圈三者相邻接的活动带。只有具备了充分大的三相物质界面，才能有生命特别是高级生命的存在和演化。比如，植物的生长，它的根系伸入固体的土壤中，茎叶充分伸展于大气中，液态水通过植物体联系着物质和能量的转换和流通。如果没有这种三相界面的存在，要发展到高等植物是不可能的，因为包括农作物在内的高等生命形式，很少是只在一个单独的物质相中存在的。

生物圈中的各种生命与支持生命存在的各种物质条件构成了一个巨大而又极其复杂的生态系统。生态系统是指在一定时间和空间之内，生物和非生物成分之间，通过物质循环、能量流动和信息传递，而相互作用、相互依存所构成的统一体。地球表面是一个庞大的环境系统，在这个系统内，大气、水、土壤、岩石等各种环境要素与生物通过物质能量的循环、流动，进行十分复杂的作用，形成不同等级的生态系统。这些生态系统的规模大小不等，大到整个生物圈、陆地、海洋，小到一片森林、草地、池塘。生态系统在一定条件下处于平衡状态，主要表现为生态系统内物质和能量的输入与输出之间是协调的，不同动植物种类的数量比例是稳定的，在外来干扰下能通过自我调节恢复到原来的平衡状态。例如，水体受到“异物”轻微的污染时，通过重力的沉淀、流水的搬运、化学的分解等物理、化学作用，将水中的有害物质稀释化解，这种自净能力使其恢复到原来的平衡状态。但生态系统自身的调节能力在一定条件下是有限的，一旦受到外界剧烈的干扰，特别是人类活动对自然产生的负面影响，就会造成严重的破坏而失去平衡。

从食物链的角度，生态系统可以有四个基本组成部分：(1) 非生物环境要素，包括地球表面生物圈以外的物质成分，如阳光、空气、水、土壤、矿物等，它们构成生物赖以生存的环境；(2) 植物—生产者有机体，它们利用光合作用将周围的无机物转化为有机物，为动物提供食物；(3) 动物—消费者有机体，它们又可以分为食草动物和食肉动物，以及两者兼有的杂食动物；(4) 微生物—分解者有机体，又称还原者，它们将死亡的动植物的复杂有机物分解还原为简单的无机物，释放回环境中，供植物再利用。生态系统的各个部分正是通过“食物链”（生物之间以营养为基础组成的链条）对物质和能量的输送传递，相互依存，相互制约，组成密切联系的有机体。从地理位置的角度，生态系统基本可分为三类：陆地生态系统、淡水生态系统和海洋生态系统。

陆地生态系统，是指陆地的生态环境以及生存在这一环境中的各种生物组成的生态系统。由于不同的自然地理和气候条件，陆地生态系统呈现出多姿多彩的多样性。森林和栖息在森林中的各种各样的生物是陆地上生物多样性最丰富的地方。特别是热带、亚热带的丛林中包含了陆生物种的绝大部分。数不清的植物种类，奇异的昆虫、各色羽毛和不同歌喉的鸟类、食草和食肉的动物，在丛林中展开弱肉强食的生存竞争。草原、雪域高原各自都有自己独特的生态系统，甚至看似荒凉的沙漠、戈壁也有生命顽强地生长、生活着，构成一个生态系统。人类生存发展主要依靠的就是陆地生态系统。人类活动对陆地生态系统最大的威胁是对森林、草场的破坏。

特别是大规模的森林砍伐，不仅直接造成生活在特定区域的植物灭绝，而且使得栖息在丛林中的野生动物失去了生存环境，造成许多野生动物灭绝。森林、草原具有调节气候保护土壤的作用。由于大规模垦荒对森林草原的破坏导致灾害性天气增加，导致水土流失，荒漠化问题严重，威胁人类自身的生存。

淡水生态系统，指江河、湖泊以及沼泽中淡水生物相互构成的依存关系和由此而形成的生态系统。在这一生态系统中，淡水是决定性的因素。水生动植物离开淡水无法生存。只要淡水环境不被破坏，淡水生态系统就会呈现出勃勃生机。人类活动与淡水生态系统也有着密切的联系。人类与生活在淡水水域中的动植物共同分享着淡水资源，水生动植物至今仍然是人类食物的来源之一。人类活动消耗并破坏了大量的淡水资源，使得湖泊、沼泽等淡水水域缩小甚至消逝，对淡水水域具有高度依赖性的动植物受到致命的威胁。严重的污染甚至使许多淡水水域的动植物绝迹。

海洋生态系统，指与海洋环境相关的生态系统。海洋是地球上最大的生态体系。从植物到动物，从菌类到爬虫，从鱼类到哺乳动物，从小如芥子的磷虾到身长几百米的蓝鲸，海洋有着我们难以想象的丰富的生物种群。一些深海海域至今对人类来说还像是谜一样，我们不知道那里有什么样的奇异物种。同时，像北极熊、企鹅、海鸥这些以陆地为基地的哺乳动物和鸟类也高度地依赖海洋。对于人类来说，海洋是它们的一个重要的动物蛋白的来源。对于日渐增多的人口，海洋是人类未来食物的希望所在。人类活动对海洋生态系统也能造成危害，污染、珊瑚礁的破坏、过度捕捞威胁着海洋生态的平衡。

构成生物圈的各类生态系统，在结构和功能上都有各自的特点，起着特殊的作用，共同维持着生物圈的正常功能，这就是我们通常说的生态平衡。除了这种整体的生态平衡之外，每一个生态子系统，甚至一个局部的、小的生态系统也都有着自身的平衡。一个生态系统，特别是一个较大的生态系统，它的生态平衡是经过亿万年演化的结果。在这种演化过程中，各种物种与周围环境之间以及各种生物彼此之间形成了复杂的相生相克关系，达到一种动态的平衡。只有在这种平衡中，每一个物种才能稳定地生存。一旦生态平衡遭到破坏，将会使包括人类在内的许多物种的生存受到威胁。食物链是一个典型生态系统生态平衡的集中表现。

食物链是指生物相互制约、相互依存所形成的食物网络关系。俗语所说“大鱼吃小鱼，小鱼吃虾米”在某种意义上倒是生态系统中食物链的写照。在海洋中，植物、浮游生物吸收太阳的能量，从海水中吸收营养物种，大量地繁殖。磷虾、小鱼之类以这些浮游生物为食，也形成一个庞大的群落。这些小鱼、小虾又引来捕食它们的较大型的鱼群。而鲨鱼、章鱼这些凶猛的海洋杀手也不失时机地捕食自己的猎物。大大小小的海鸟也在鱼群出没的海域上方盘旋，为自己，也为自己的子女寻找食物。

陆生生物也有类似的食物链。从电视上，经常可以看到雨季的非洲大草原。一望无际的碧草，间或有一丛丛的灌木。羚羊、斑马成群结队地在草原上悠游，啃食青草。突然，一只潜伏的狮子或者猎豹一跃而起，一场生与死的较量开始了。有时，羚羊或斑马侥幸逃脱，有时它们却倒在了狮或豹的坚牙利爪之下。接下来就是血淋淋的场面，狮或豹与它们的子女一起迅速撕食到手的猎物。不久，成群的鬣狗闻讯而来，它们甚至会逼走狮子，争食剩下的骨肉。之后，秃鹫也会参加进来，打扫剩下来的残渣。也许你会同情遭遇不幸的羚羊或斑马，感到狮子、猎豹的凶残，厌恶不劳而获的鬣狗与秃鹫。但是，不管你喜欢还是不喜欢，它们全都是食物链中少不了的一环。草原生态的食肉动物—食草动物以及昆虫—鸟类等，它们互相制约，共生共荣。它们之间的关系是对立统一、自然和谐的。那种凶残的猎杀也是自然和谐的一部分。如果没有这种猎杀，食草动物会迅速地繁衍，大量的食草动物会超量啃食植物，最终破坏草原，使草原退化。草原退化，食草动物也就失去生存和发展的条件。

食肉动物对食草动物的捕杀，不仅能控制食草动物种群的数量，同时也能够提高食草动物的质量。生物学家经过长期的野外考察证明，食肉动物在猎捕过程中，选择的对象往往是病残弱小的食草动物，这无疑有利于物种的优胜劣汰。各类飞鸟对昆虫的捕食和食肉动物一样，也起到保护草原的作用。青草等植物是这个食物链最基本的食物来源，而飞禽走兽的粪便则成为上好的肥料，又促使各种植物的生长。即使是鬣狗、秃鹫这些不劳而食的家伙也在草原上扮演着一个重要的角色。它们被称为食腐动物，专吃各类动物的尸体和残渣，起到净化草原的作用。另外像蜣螂、蚂蚁和其他一些不被人注意的爬虫和微生物也在不断地打扫着大草原。

整个食物链密切联系，任何一个环节出现大规模的变动，都会影响生态平衡。人类活动往往只从自己的利益，特别是眼前利益出发来利用各种资源，往往导致对自然生态平衡的破坏。呼伦贝尔草原，是我国北方最大的草原之一，那儿牧草丰茂，牛羊成群，是我国最大的牧业基地。可是，历史上由于这儿野狼成群，对牧业的发展构成一定的威胁，为了保护人畜的安全，当地牧民曾经组织过大规模的猎捕野狼活动，使野狼的数量锐减，剩下为数不多的狼再也不敢以草原为家，以牛羊为食，统统跑到深山老林里去了。野狼不见了，畜牧业空前发展。但是在牛羊种群不断增加的同时，野兔也以惊人的速度发展起来，野兔和牛羊争食牧草，草原难以承载，导致草场急剧退化，使草原面临沙化的危险。人们认识到，野狼在饥饿的时候，固然偷猎牛羊，但在正常情况下，野狼是以野兔为食的。从这一点上说，是野狼控制了野兔的繁殖和发展，避免了野兔和牛羊争食的现象，保证了草原的正常生态环境。当牧民认识到这一自然规律后，对野狼也就宽容了许多，再也不谈狼色变、见狼就打了。

森林是生物多样性更为丰富的生态系统，森林中也就有着更为复杂的食物链。高矮不一的植物，大小不等的动物，形态各异的昆虫和鸟类在丛林中上演着弱肉强食、相生相克的悲喜剧。江河、内陆湖泊等淡水系统也有着同样一条食物链。各种生物都是食物链上的一个环节。

地球作为一个大的生态体系，大地、海洋、大气层为各种生物活动提供了一个生存环境。其中，森林、草原、水生植物从太阳那里得到能量，从大地、海洋中吸收营养物质，在光合作用下不停地生长。食草动物从植物那里获得能量和营养物质，自己又成为食肉动物的美食。微生物通过分解动植物的尸体、粪便或直接寄生在动植物身体上。各个不同区域、不同环境条件下有着不同类型的生态系统。这些生态系统既各具特点，又相互联系。海洋、大气环流调节着气候，土壤、空气、水支持着各种生物的活动。生物之间组成一个环环相扣的食物链。你看，地球本身像不像一个大生命。这就是英国科学家罗夫罗克提出的"盖娅假说"。"盖娅"这位大地女神，被用来称呼由地球上的一切植物、动物、微生物和大气层、海洋、土壤组成的这个生态圈，所以，也叫"生态圈假说"。他认为，生命物质遍布于地球表面，从鲸鱼到病毒、从海藻到橡树，它们与空气、海洋、地表一样都是一个巨大生命系统的一部分。这个系统具有自我调节、自我维持的功能。通过物理、化学、生物过程，盖娅维持着生命存在的最佳条件和自身的不断进化过程。罗夫罗克还没有把生物圈看作是一个单独的生命。而詹姆斯·米勒和彼得·拉塞尔则进一步认为，生物圈已经具备了一个单独生命所具有的基本特征，这个生命、这个盖娅在不断地进化着，人的诞生和发展标志着这个生命正在醒来。这些理论听起来有一种传奇的色彩，并不是所有的科学家都赞同这样的观点。但是，这种理论假说所指出的地球生态系统的复杂联系和生命特征却是一种真知灼见。

首先，在地球生态圈中存在着复杂的物质能量联系。任何一个生态系统都由生物群落和物理环境两大部分组成。阳光、氧气、二氧化碳、水、植物营养素（无机盐）是物理环境的最主要要素，生物残体（如落叶、秸秆、动物和微生物尸体）及其分解产生的有机质也是物理环境的重要要素。生物要素则是从微生物到动植物的各种生物体。在太阳能的驱动下，各种构成生物体的物质要素在生物体与它们的物理环境之间进行大规模物质循环，从而保障生态圈生生不息地存在下去。生物维持生命所必需的化学元素虽然为数众多，但有机体的97%以上是由氧、碳、氢、氮和磷五种元素组成的。物质循环实际上就是这些元素为主体的循环。我们来简单看一下碳、氮和磷的生态循环过程。

碳是构成生物原生质的基本元素，虽然它在自然界中的蕴藏量极为丰富，但绿色植物能够直接利用的仅仅限于空气中的二氧化碳。生物圈中的碳循环主要表现在绿色植物从空气中吸收二氧化碳，经光合作用转化为葡萄糖，并放出氧气。在这个过程中少不了水的参与。有机体再利用葡萄糖合成其他有机化合物。碳水化合物经食物链传递，又成为动物和细菌等其他生物体的一部分。生物体内的碳水化合物一部分作为有机体代谢的能源经呼吸作用被氧化为二氧化碳和水，并释放出其中储存的能量。由于这个碳循环，大气中的二氧化碳大约20年就完全更新一次。

在自然界，氮元素以分子态（氮气）、无机结合氮和有机结合氮三种形式存在。大气中含有大量的分子态的氮。但是绝大多数生物都不能够利用分子态的氮，只有像豆科植物的根瘤菌一类的细菌和某些蓝绿藻能够将大气中的氮气转变为硝态氮（硝酸盐）加以利用。植物只能从土壤中吸收无机态的氨态氮（氨盐）和硝态氮（硝酸盐），用来合成氨基酸，再进一步合成各种蛋白质。动物则只能直接或间接利用植物合成的有机氮（蛋白质），经分解为氨基酸后再合成自身的蛋白质。在动物的代谢过程中，一部分蛋白质被分解为氨、尿酸和尿素等排出体外，最终进入土壤。动植物的残体中的有机氮则被微生物转化为无机氮（氨态氮和硝态氮），从而完成生态系统的氮循环。

磷是有机体不可缺少的元素。生物的细胞内发生的一切生物化学反应中的能量转移都是通过高能磷酸键在二磷酸腺苷（ADP）和三磷腺苷（ATP）之间的可逆转化实现的。磷还是构成核酸的重要元素。磷在生物圈中的循环过程不同于碳和氮，属于典型的沉积型循环。生态系统中的磷的来源是磷酸盐岩石和沉积物以及鸟粪层和动物化石。这些磷酸盐矿床经过天然侵蚀或人工开采，磷酸盐进入水体和土壤，供植物吸收利用，然后进入食物链。经短期循环后，这些磷的大部分随水流失到海洋的沉积层中。因此，在生物圈内，磷的大部分只是单向流动，形不成循环。磷酸盐资源也因而成为一种不能再生的资源。

其次，生物圈中的物质循环不是简单的物理、化学循环，而是以生物为主体的、具有生命特征的循环。太阳能是地球上一切生命能量的终极来源。绿色植物以及一些能够进行光合作用的菌类吸收太阳能并利用无机营养元素（C、H、O、N 等）合成有机物，将吸收的一部分太阳能以化学能的形式储存在有机物中。由于这些生物能够直接吸收太阳能和利用无机营养成分合成构成自身有机体的各种有机物，生物学家称它们是自养生物。它们是生物能量的生产者。食草动物、食肉动物、寄生生物则是消费者。这些消费者不能直接利用太阳能和无机态的营养元素。只能直接或间接地利用生产者所制造的有机物作为食物和能源。消费者按其取食的对象可以分为几个等级：草食动物为一级消费者，肉食动物为次级消费者（二级消费者或三级消费者）等。杂食动物既是一级消费者，又是次级消费者。接下来还有分解者，它们是生物圈的清洁工，也是生态循环的一个重要环节。分解者是指所有能够把有机物分解为简单无机物的生物，它们主要是各种细菌和部分真菌。分解者以动植物的残体或排泄物中的有机物作为食物和能量来源，通过它们的新陈代谢作用，有机物被分解为无机物并最终还原为植物可以利用的营养物。消费者和分解者都不能够直接利用太阳能和物理环境中的无机营养元素，生物学家称它们为异养生物。有生物学家认为，物理环境（太阳能、水、空气、无机营养元素）、生产者和分解者是生态系统缺一不可的组成部分，而消费者是可有可无的。而人类正是生物圈中最大的消费者。

在生态系统中，物质从物理环境开始，经生产者、消费者和分解者，又回到物理环境，完成一个由简单无机物到各种高能有机化合物，最终又还原为简单无机物的生态循环。这个循环除了创始能量或动力来自太阳之外，整个过程都是通过生物体进行的，所以说它具有生命特征。通过这样的循环，生物得以生存和繁衍，物理环境得到更新并变得越来越适合生物生存的需要。在这个物质的生态循环过程中，太阳能以化学能的形式被固定在有机物中，供食物链上的各级生物利用，而活的生物群落是构成生态系统精密有序结构和使其充满活力的关键因素。

生物圈中的生命之链是一个极其复杂的系统，有许多细致入微之处。在非洲的岛国毛里求斯，有两种特有的生物，一是渡渡鸟；一是大颅榄树。大颅榄树是一种极为珍贵的树木，渡渡鸟以树为家，相互依存，凡是有渡渡鸟出没的地方，大颅榄树总是幼苗茁壮，林绿枝茂。可是，16 世纪欧洲人进岛后，一阵乱枪猎射，至 1681 年，渡渡鸟从地球上消失了。此后，大颅榄树也日渐稀少，最后只剩下 13 株。经过生态学家反复研究，最终发现，原来渡渡鸟与大颅榄树相依为命，谁也离不开谁。鸟以果实为生，经过消化又为种子催芽，所以，它们一荣俱荣，一损俱损。类似的关系在自然界中比比皆是。很多种鸟类和它们所食的植物果实之间，虽然不像渡渡鸟与大颅榄树之间那么紧密地联系，也是能够相互共济，各得其利。另外，像我们熟知的海葵与寄居蟹、冬虫夏草中菌类与昆虫的关系，以及蜜蜂采蜜、授粉等也都是自然生物圈紧密联系的体现。

生态圈、生态系统是一个极其复杂，又精妙、有序的系统。这个和谐的体系是自然界亿万年演变的产物。其间的复杂联系是任何人工所无法企及的。今天，面对在某些方面已被破坏的生物圈，有人提出我们能否创造一个类似地球生物圈，能够实现自身物质、能量循环的局部人工生物圈。这样，也许我们可以在太空、月球甚至其他星球创造一个适宜于生命、特别是人类居住的生态环境。这样一个设想也为我们恢复被破坏的生态系统，提供一个参照系。在这种想法的推动下，人类在20世纪曾经进行了“生物圈2号”试验。

我们天然生活于其中的生态环境可以称为“生物圈一号”。1984年，美国人爱德华·巴斯开始策划“生物圈二号”，建立一个人工环境，模拟生物圈一号，为将来人类到地球外层空间进行试验性准备。1986年11月，占地1.28公顷，耗资1.5亿美元的生物圈二号在美国亚利桑那州沙漠中建成。这是一座密封钢架结构玻璃建筑，里边是一个自成体系的小生态系统。生物圈二号仿照地球上现有的生物地理群落，建起了荒漠、稀树草原、雨林、湿地、海洋五个仿真生态系统以及农业区、居住区两个模拟人工系统。生物圈二号还从美洲、非洲和欧洲引进了3000多种动植物。1991年9月，8名科学家进入生物圈二号。然而，一年多以后，由于土壤富营养化导致微生物繁殖过快，再加上部分二氧化碳和混凝土中的钙反应生成了碳酸钙，导致实验室中的氧含量从21%剧降至14%。科学家们被迫提前撤出实验室。而且在两年后，25种脊椎动物里死了19种，蜜蜂以及类似这种可以传授花粉的昆虫莫名其妙地通通死了，这又导致许多物种的绝种；而牵牛花不知为何疯狂地生长，蚂蚁及蟑螂快速繁殖，四处可见。1994年，又有7名研究人员入住生物圈二号，同样由于二氧化碳激增，含氧量下降，被迫在6个月后撤出。

至此，许多人认为生物圈二号的试验已经失败。这一失败可以说是意味深长的。它不仅说明人类在外太空建立家园的梦想离我们还很遥远，更为重要的是，它使人类明白，生物圈远远比我们想象的复杂。生物与物理环境之间、不同生物之间 纷纭错综的关系不是人类能够完全掌握和控制得了的。一旦生态平衡遭到破坏，恢复起来将是非常困难的。我国东北林区，也是一个物种丰富的生态区域。由于人类活动，特别是对森林的大规模砍伐，使野生动物数量急遽下降。威风凛凛的东北虎在我国境内已经难觅踪迹，过去数量很多的鹿、黑熊，在野外也很难看到了。后来，人们在砍伐过的山上又重新种上了树，但是，野生动物并没有回来。一个简单的原因是，人们种下的只是高大的乔木，而许多野生动物则依赖灌木丛。所以，当人类想去改造自然的时候，能不慎重吗？正像芭芭拉·沃德和勒内·杜博斯为联合国环境会议起草的报告所说的那样，“我们只有一个地球”，我们必须倍加珍惜它。

第三节　人类的生存悖论

人是地球上的特殊生物，人类的祖先还在原始时代就认识到了这一点。许多民族的神话都强调人是按照神的样子造出来的。女娲按照自己的形象塑造了炎黄子孙；希腊神话也有天神普罗米修斯按照自己的形象造人的传说，后来希腊人干脆把人看作是半神。在希伯来人的《圣经》中，人是最后被神造出来的，人被称为小神，人们可以享受大自然的一切，而且还被赋予万物管理者的特殊角色。

现代科学虽然推翻了神造人的说法，但也揭示了人作为生物的特殊性和人在生物圈中的特殊地位。人这种生物的特殊之处在于，首先人类是经历了进化的最全过程的生物。地球上的其他生物与人类相比，都处在这个过程的一个环节上。从人类胚胎发育过程这一点会看得更清楚。人类胚胎从精子、卵子结合成的单细胞生物开始，胚胎经历了水生动物、两栖类、其他哺乳动物的胚胎形象，最后几个月才成为完全人类胚胎的形象。这个过程被生物学家称为生物进化的重演律。这一规律证明了所有高等生物都是经由低等生物进化而来的。人类是经历了最全面进化的高等生物。

人类具有最全面的生物特性。人体上有类似微生物的单细胞分裂发展，人又和大多数复杂生物一样是通过两性繁殖的；人体内还存在着类似与自然界中的共生现象，许多微生物在人的体内找到了适宜的生存环境，并帮助人体进行新陈代谢；当然高级哺乳动物哺乳发育的各种特点人类也无不具有。

人类具有最全面的生存能力。低等生物只具有简单的刺激反应能力，高级生物则发展出复杂的适应环境的能力。人具有从最低级的刺激反应能力到高级动物的复杂感知能力，而且发展出了任何一种其他生物都无可匹敌的智力能力。人是生态系统中强大的一员，而且人类很早就对自己的强大充满了自觉和自信。人之所以赋予自己以神性，实际上是看到了人与其他动物的不同。

但是，不管人与其他生物如何的不同，有一点是确定无疑的，人只是生物圈中的一员，并且和其他生物一样，人类依赖于地球，依赖于生物圈，而且，人作为高等生物是生物圈能量流的巨大消耗者。我们知道，推动生物圈和各级生态系统物质循环的动力，是能量在食物链中的传递，即能量流。生物圈中物质的传递是一种循环运动，与此不同的是，能量流的传递是单向的。能量流从植物吸收太阳能开始，通过食物链逐级传递，直至食物链的最后一环。在每一环的能量转移过程中都有一部分能量被有机体用来推动自身的生命活动（新陈代谢），随后变为热能耗散在物理环境中。从某种意义上说，生物圈利用能量的效率并不高。在有利的物理环境条件下，绿色植物对太阳能的利用率一般在1%左右。陆地和海洋生物从太阳获得的初级能量，其中有一半被植物的呼吸作用消耗掉。剩余部分是可以为食草动物利用的能量。各级消费者之间的能量利用率也不高，平均约为10%，即每经过食物链的一个环节，能量的净转移率平均只有1/10左右。所以，为了维持生态圈能量的消耗，处在最基层的绿色植物的量最多，其次是草食动物，再次为各级肉食动物，处在顶级的生物的量最少，形成一个生态金字塔。只有当生态系统生产的能量与消耗的能量大致相等时，生态系统的结构才能维持相对稳定状态，否则就会发生剧烈变化。

人类可以说处在这个金字塔结构的能量流的塔尖。人是一种杂食动物，食物的范围大约在所有动物中是最广的。从植物的根、茎、叶、果实，到天上飞的、水里游的、陆上跑的各类动物，甚至是昆虫、菌类，无不成了人类的口中餐。而且，由于人类的庞大种群（人口），可以说人类是生物圈能量的最大消耗者。所以，从生物圈的角度看，人类的存在就构成了对生态系统结构的潜在威胁。

那么，人在生态圈或生态体系中到底有什么特殊的地方，使人自以为人不同于其他动物，使人能够威胁到生态系统的平衡？可以说，人在许多方面不同于其他动物。但就人类在生态体系中的地位而言，最突出的特点在于其独特的生存方式：人不仅具有生态的生存方式，而且具有超生态，甚至是反生态的生存方式。所谓生态的生存方式，指的是人类作为生态体系中的一员，必须参与生态圈中物质、能量的交换过程；作为一种生物，人类生命存在的动力在任何情况下都来自于生态圈，人类的活动必须适应生态规律；人类的生存依赖于生态体系的平衡。所谓人的超生态生存，不是说人类可以脱离生态圈、生态体系而生存，也不是说人类可以违背生态规律，而是强调人的活动具有改变或驾驭生态体系的能力。

单纯从生物的角度看，人类似乎没有任何优势，没有可以御寒的毛皮，没有可以进攻或抵御其他动物的坚牙利爪，也没有可以与斑马、羚羊媲美的腿，但是人却比所有的这一切动物都强大。这是因为，人作为一种有智慧的生物，能够不断地认识自然规律，从而能够利用自然的力量去征服自然，服务于生存需要，这就是任何其他生物没有的超生态生存方式。这种超生态的生存表现在以下几个方面：

第一，人类发展出一个工具体系，大大延伸并扩张了人的自然能力。原始社会的人类就开始打制石器，并不断改进。他们用石器猎取猎物、防御猛兽的袭击；还用石器或骨器裁割兽皮，缝制御寒的衣服。农业时代，人类开始利用金属工具，开垦土地，建立了文明的社会体系。工业文明则把以机器为代表的工具体系发展到了空前复杂的程度。无处不在的工具不仅确保了人类的生存，而且已经大大改变了地球生态圈，使生态环境成了问题。

第二，人类是唯一能够大量直接利用体外自然力和处于生态圈能量流之外能量的动物。除了人之外，生物圈中所有动物活动所需要的能量都来自于通过食物链传递的能量。人类活动当然离不开这样的能量。但是，与此同时，人之所以为人，还在于人类逐步开始利用人体外的能量。火，是这种体外能量的代表和象征。燃烧是一种自然现象，到了人手里，它变成了一种巨大的力量。火驱走了寒冷，赶走了野兽，人类开始吃熟食，改善了体质；有了火，人类通过刀耕火种走出了原始时代，开始了农业社会的发展。驯养的家畜为人们提供了畜力，这是农业时代一个非常重要的动力来源。此后，风力、水力也逐步开始被人们利用。从蒸汽机开始，人类又走上了大规模利用煤炭、石油等化石燃料机器工业时代。今天，人类已经开始利用核能，一种足以毁灭地球的巨大能量。

第三，人类不仅有自然生物的特点，更具有社会的特点。社会不能简单理解为群居，如果那样的话，群居的动物也可以说有社会性。动物的群居是一种在进化过程中形成的生物习性。人类社会在一定意义上可以说是由这种习性发展而来的。但是，群居动物之间的关系完全是一种生物关系，雌雄交配、扶养幼畜、等级的划分都是按照自然的因素进行的。人类社会早期，社会中的自然因素还是非常突出的，如男子、青壮年狩猎，女子、老人和孩子从事采集和家务活动，这些都明显带有自然分工的特点。但是，随着社会的发展，人类之间的关系越来越建立在以职业特色为基础的分工、协作基础之上。人类开始有了一个复杂的、大规模的合作机制。虽然人类彼此之间纷争不断，甚至酿成战争这种人类自相残杀的悲剧，但是，社会毕竟提供了一个动员人类集体力量的机制。这种力量，既使得人类在能力上凌驾于生物圈之上，造成生态的裂变（见生态裂变一章），又为人类协调行动，解决今天的生态环境问题提供了可能。

工具、体外的能量、社会都不是自然生态本身所具有的，而是人类智慧在劳动中发展的结果。在这一个意义上，三者构成了人类超生态生存的方式。人类的这种超生态生存从两个方面对自然生态体系产生了巨大影响。首先一个方面是，人类由于具有了这样一种强大的生存方式，使人类的生存得到了巨大保障，从而使人类的种群一枝独大，人口数量一直呈递增态势，对生物圈造成巨大压力。这可以说在生物圈中是绝无仅有的。

在每一个局部生态体系中，由于某种偶然因素的刺激，某一生物种群的数量会迅猛增加。但是，由于食物链的相互制约，这种数量的增加不会持久。比如，由于气候适宜，绿色植物茂盛，会导致斑马、羚羊等食草动物数量急遽上升。其后果是，食肉动物由于食物充足也大量繁殖，从而捕捉比以往更多的斑马或羚羊；另一方面，食草动物过多，也可能导致草场被破坏，反过来使食草动物的数量下降。总之，经历一段时期之后，食草动物的数量会重新回到一个稳定的水平上。而人类在经历了一个稳定发展时期之后，人口数量却一直呈增长、甚至是加速增长之势。

据测算，在旧石器时代，人口每翻一番要3万年的时间，公元初年，就缩短为1000年。公元1年时，世界人口不超过3亿，直到15世纪，人口才接近5亿。1830年左右，世界人口达到10亿，之后每增加10亿人口的时间从100年缩减到30年、15年和12年。根据联合国的最新预测，2050年世界人口将增加到89亿，2100年将超过100亿，届时才有可能实现零增长。

如前所述，人类处在食物链的顶端，处在生态体系中能量转移金字塔结构的塔尖上，是生物圈能量流的巨大消耗者。庞大的人口必然造成对生物圈能量平衡的巨大压力。为了满足人类食物的需要，史前人类的活动就开始显现出它的破坏性。约翰·阿罗伊在著名的《科学》杂志上发表了他的最新的研究成果。他认为，气候变化对于猛犸、乳齿象等巨型动物的影响并不像人们想象的那样大，事实上，史前人类的活动对于这些动物的灭绝有着不可忽视的作用。阿罗伊利用一个复杂的计算机模型对远古时期北美大陆的生态系统进行了深入的研究，结果发现人类的活动是许多动物，特别是一些大型动物灭绝的重要原因。他指出，人类大规模地迁移到北美大陆大约是在13400年前，而仅仅过了1200年，这些巨型动物就彻底灭绝了，这很难单独用气候变化进行解释。进入农业社会以来，人口的增加，使人类大规模地毁林开荒，自然生态体系受到的影响也就越来越大。今天，陆地上所有适宜生物生存的地方都有人类活动的踪迹，包括海洋在内的几乎所有的生态体系都受人类活动的影响。

人类超生态生存另外一个方面的巨大影响是，人类利用强大的自然力不断按照自己的目的改变着生态圈。人类掌握了便利的工具，驾驭了巨大的能量，并且有了分工合作的社会机制，人类就不再满足于自然界、生态圈提供的现成的物质资料，人类逐步开始在深层次上改变自然和生态圈，以使之符合人们的需要。这种改变不是说人类猎杀的野生动物很多，甚至也不仅仅是人类砍伐了森林；而是说，由于人的活动，使生态圈出现了在自然状态下未曾有过的变化。

这种变化最早体现在原始社会末期，人类开始驯化野生动植物，使它们按照人的意志逐步转变成了农作物和家禽、家畜，从而有了后来农业文明的发展。农业文明的基础，就是这样一个以人为核心，包括农作物、家禽、家畜在内的人类亚生态体系。到了工业时代，强大的机器生产力使得人类对生态圈产生了更加深刻的影响。一方面，人类以前所未有的规模大量劫取包括生态资源在内的自然资源，森林、草原、湿地、水系都受到人类开发活动的影响，野生生物灭绝的速度惊人，生物多样性受到严重威胁。另一方面，人类消耗资源的产出物产生了严重的污染，不仅威胁到人自身的生存环境，而且破坏了生态圈的一些基本条件：温室效应、臭氧层破坏意味着大气环境严重的恶化；荒漠化则意味着陆地生态环境的破坏；江河湖海的污染意味着对生命至关重要的水环境也受到了威胁。

看来，人类确实是生态圈中特殊的一员，特殊之处就在于他们既是生态体系中的一员，依赖于生态圈，必须和其他生物一样按照生态的方式生存；同时，人类又发展出了超生态生存的能力。这种能力，造成了人与生态的矛盾，即人一方面依赖于生态圈；另一方面又不断改变着，甚至是破坏着生态圈。然而，不管人类如何发展，如何改变，有一点是不能改变的，那就是，人类永远也离不开生态圈，地球是整个生态的根，是人类的大地母亲。不管人类如何特殊，他总是地球生态圈中的一员。实际上，如果从其他生物的角度看，它们每一种也都是非常独特的。植物通过光合作用为自己提供能量，鱼儿在水中悠游，鸭嘴兽像禽类那样产卵，却又像兽类那样通过哺乳养育后代。关键的问题是，所有生物都不能单独生存，它们不仅依赖它们周围的地理环境，而且依赖其他生物，依赖生态环境。人也是如此。

问题是，人类能够在多大程度上改变地球、改变生态圈，生态圈又在多大程度上能够经受住这种改变？既然人类依赖于生态圈，那么，人类对地球、生态圈的改造就有一个限度，这个限度就是生态平衡。人类从自然索取物质资源有一个限度，这个限度是不能超出生态产出的水平；人类活动对环境施加的影响也有一个限度，这个限度是不能破坏生态圈的基本条件，不能破坏生态平衡。大自然为人类的生存提供了万物，人不仅享用万物给人带来的便利，而且对万物负有责任。人不是自然的劫掠者，而应该是它的管理者。

第二章　农业文明:朦胧的可持续发展

第一节　原始自然的失落

上帝最初创造的人是亚当和夏娃，并让他们生活在伊甸园中。比逊、基训、希底解和伯拉四条河穿园而过。伊甸园有各种树木花草和飞禽走兽。亚当和夏娃是伊甸园的管理者，渴了喝泉水，饿了吃果子，与各种动物一起过着快乐的日子。后来，伊甸园中的蛇，引诱夏娃、亚当吃了禁果：智慧之果。从此，他们有了智慧，有了羞耻心。上帝大怒，把亚当和夏娃逐出了伊甸园，并惩罚夏娃受分娩之苦，而“亚当，你从今以后，必须终生劳累，汗流满面才能勉强维持温饱，直到你死后归土，土地也要给你长出荆棘和蒺藜来。”

这是一个极富象征意义的神话。生活在伊甸园中的亚当和夏娃是原初人类的写照，那时人类还处在极度的蒙昧状态，没有发展出高级的智慧，只不过是弱肉强食的生态链上的一个环节，与自然生态是浑然一体的。那时的人类没有羞耻感，也不懂得什么幸福不幸福，在某种意义上他们确实是无忧无虑的。一旦人类开始理解这个世界，理解人自身，就立刻开始感到生存的艰难和痛苦。人类要通过艰苦的劳动才能获得满足生存需要的食物；还必须绞尽脑汁、想尽一切办法去对付天灾人祸、豺狼虎豹。但是，这种生存的痛苦感受的到来却是人类超越自然生存状态的标志。人类在理解自己痛苦的同时，也用这种理解力理解着世界，理解着自己，而且尝试着用这种理解去利用自然的力量对付自然。人类大脑的特殊发展，减少了人类对动物本能的依赖，人类开始超越其他动物的那种自然生存状态。

人类不同于其他动物的新的生存方式，就是利用自己的智慧，用自然的力量改变自然，使自然满足人的需要，而不再是人被动地适应自然的要求。这种新的生存方式的形成是一个漫长的过程，这个过程最初的里程碑应该是火的使用。火不是人自身具有的力量，火是一种自然力。但人却用火。据说人是唯一一种看见火不逃避的动物。火的使用开始使人类真正成为各个物种中最强大的一种。由于用火，人们开始吃熟食，减少了疾病，改善了体质。人类用火驱赶野兽，保护自己，获得食物。火驱走严寒，给人类带来温暖。最早的农业也是与火联系在一起的，“刀耕火种”是农业的主要技术。焚烧的草木灰使土地肥沃。火使金属的冶炼成为可能。火今天依然是人们离不开的力量之源。所以火的使用深深地烙在人类的记忆中。各个民族都有关于火的故事。燧人氏钻燧取火的故事在中国家喻户晓，各国各民族的神话中火神是少不了的。在这些故事中最动人的大约是普罗米修斯盗火的故事。按照古希腊的神话传说，普罗米修斯是一位天神，他看到人类在大地上艰难地生存，就把天上的火引到人间，给人类带来了温暖和力量。诸神之王宙斯害怕人类拥有了火就会具有天神般的力量，所以对普罗米修斯的行为极为震怒。宙斯命人把普罗米修斯绑在高加索的山岩上，让秃鹰啄食他的腑脏。

使用火体现了人的智慧和创造。这种智慧和创造不是无中生有，它的本质是利用自然力改造自然。火是一种巨大的力量，它给人类改造自然提供了巨大的潜能。人类走出伊甸园也正是由于掌握了火或像火一样的力量。但是人类走出伊甸园并不感到幸福，反而感到不幸。一方面，这是由于人类利用各种自然力量的道路还很漫长，刚刚走出伊甸园的人类所能利用的自然力与所不能控制的自然力相比还渺小许多；另一方面，在可以利用像核能这样巨大力量的今天，给我们带来不幸的也许是对这种力量的滥用。人类走出了自然生态，并用强大的力量日渐深入地改造着自然生态，当人们离开自然生态这一根源越来越远的时候，人们会真正感到幸福吗？火是伴随着英雄的苦难成为人手中强大的力量的，这一寓言也许昭示我们在利用这些强大的力量时要谨慎。

第二节　原始生存形成人类亚生态圈

早期原始人的生存方式是采集和狩猎。中国古代神话中有巢氏、燧人氏、神农氏的传说大概就是这种生存方式的反映。神农氏尝百草的故事一般都理解为中草药的发明。这种理解未免太狭隘，这个传说实际上与古人采集各种天然植物及其果实作为食物有关，而不仅仅是中草药的事。采集植物的果实、根、茎、叶、块是原始人最主要的食物来源。狩猎的获得是不稳定的，而且伴随着危险。但狩猎能为部族带来动物蛋白、脂肪和御寒的毛皮。

不管是采集还是狩猎，早期原始人的生活方式是与自然生态一体的。采集与食草类动物吃草和植物的块、茎、果实没什么两样，狩猎和食肉动物觅食的区别大概是石制的武器与坚牙利爪的差别。人和其他动物的区别也许是人更杂食一些，获得食物的能力更强一些。即使使用了火，也只是使他们的生活更为稳定、食物更为有保障而已。一切都是在自然生态循环之中。人的食物和其他为数很少的物质资料都是天然的，人的废弃物包括人死后的身体都又重新加入到自然循环过程中。人只不过是生态链中的一环，但是已经是较为强大的一环。

伴随着火的利用和工具的制造，人类征服自然能力的提高，人类对生态环境的破坏也就出现了。一些学者认为，在史前社会，许多大型哺乳动物的灭绝，如美洲野牛绝迹可能与人们过度狩猎有关。旧石器时代晚期。猛犸象、披毛犀的消失，也可能是同样的原因所致。不过，在农业革命以前，人口一直是很少的，人类活动的范围也只占地球表面的极小部分；另一方面，从总体上讲，人类对自然的影响力还很低，还只能依赖自然环境，以采集和猎取天然动植物为生。此时，虽然人类活动已经表现出一定的对环境的压力，但是并不突出，地球生态系统还有足够的能力自行恢复平衡。所以，在农业文明以前，生态体系基本上是按照自然规律运动变化的，人在很大程度上仍然依附于自然生态。这时还谈不上生态问题。

人类超出与自然生态一体的状态，发展出超生态生存方式的第一步是农耕的出现和农业文明的诞生。大约从公元前6000年开始，农业文明先后在尼罗河流域、两河（幼发拉底河、底格里斯河）流域、中国各大江河流域以及印度、希腊等地出现了农业文明。农业文明无疑使人类的生活质量较之原始社会有了质的飞跃，它使得人类开始超出与自然生态浑然一体的状态，发展出超生态生存方式。

人类的祖先在长期的采集过程中，观察到植物春华秋实的规律，有意识地选择、栽种一些出产稳定、有营养价值的植物，从而获得稳定的食物来源。在这个过程中，由于人类在千万年来的有意选择和培育，逐渐使野生植物被驯化，使它们按照农业生产方式的规律生长，从而有了稻、麦、菽、粟、蔬、瓜、果等依赖人类农业的作物和果木。这些植物由于人类的驯化，其特点和野生状态类植物相比已经发生了很大的变化，甚至有些农作物已经完全在野生状态下消失。人类的家禽、家畜也是这样。人类的祖先捕获猎物，一时吃不完，就把它们圈养起来，结果它们逐渐在人类的家园中繁衍生息，成了家禽、家畜。这些驯养的家禽、家畜的进化不是在自然选择下发生的，而是在人的一定控制下进行的。结果这些家禽，特别是家畜的习性发生了重大变化，它们都适应了与人类一起生活。鸡鸭猪羊之类的动物仅只是为人类提供食物或毛皮的来源；牛马之类的动物则成为人类利用的自然力，在农耕社会发挥着巨大的作用，以至于爱护耕牛成为中国农业时代社会推崇的美德；狗和猫则被迫向人类献媚，通过其他方式服务于人，和人类更具有亲和力，成为我们的宠物。

农业时代还诞生了更有人类干预自然生态意义的动物：骡。汉语有非驴非马的说法，指的就是它。从生物分类学角度看，驴和马同属于一个属，但不是同一个物种。在自然状态下，它们几乎没有交配的可能。但在人类的安排下，驴、马结成了姻缘，生育出比驴力气大，比马有耐力，自身却没有生育能力的骡子。今天一些动物园或马戏团中有所谓狮虎兽，也是人类按照同一手法炮制出来的。

农业是离不开可耕地的。今天适宜于耕种的土地在农业诞生之前是丛林、草地或沼泽。人类为了种植农作物就必须改变它们原有的生态状况，使之成为适宜作物生长的农田。汉语的"刀耕火种"往往指我国一些山区少数民族农耕的方式，实际上用来说明古人用烧荒和粗笨的工具开垦土地更为恰当，先民们先砍伐下树木，焚烧树桩与荒草用作肥料，然后就地挖坑下种。经过一代又一代的努力，大片的森林、草地或沼泽变成了肥沃的耕地。而这些地方原有的生态状况则发生了巨大变化。

森林、草地、沼泽都是复杂的生态体系，有着丰富的生物多样性。森林中不仅有乔木、灌木、杂草、苔藓，还有鸟类、昆虫，以及大大小小的哺乳动物等。一旦变成耕地，农作物成为占绝对优势的物种，许多生物不得不从这些耕地中退出，甚至灭绝。中原是中国农业文明率先发展起来的地方，自古以来就称"豫"（古代包括河南省和湖北省北部）。《说文》的解释是："豫，象之大者"。大约在农耕时代之前或其早期，中原一带可能还有大象出没。但是中国自有文字记载以来的历史中，就没有中原一带大象的记载。大象就是从农业区退出的物种之一。

原始人和后来逐水草而居的游牧民族相似，不停地从一个地方迁移到另外一个地方，以便能够找到充足的食物。这种情况到农业文明时代开始发生改变。经过改良的土地总是更适宜于农作物的生长，重新开垦荒地也需要付出巨大的劳动。所以他们就在他们垦殖的土地旁定居下来。家禽、家畜的驯养也应该是同人类定居有关的。汉字“家”字上面的“宀”是一个屋顶的形象，下面是“豕”，即猪。大约人类一开始圈养的禽畜是与人同居一室的。如果没有定居的环境，也不便于人们饲养这些家禽、家畜。

人类的定居也对生态环境发生重大的影响。原始人也会对一地的生态环境发生一定的影响，但是由于他们不断迁徙，所以受影响的地方能够自己恢复原有的生态平衡。人类定居之后则对某一地的生态环境发生持续性的影响，往往会造成不可逆的后果。人类定居对生态环境的影响有两个方面，一是人类的废弃物；二是人类对居住环境周围自然资源的索取。农业时代人类废弃物对生态环境的影响微乎其微。人畜的粪便、草木灰等废弃物都是可以作为有机肥加入生产的循环或可以自然降解的。即使农业文明较高级阶段发展出手工业，产生一些炭渣、陶瓷碎片等难以降解的东西，由于数量有限，也没有对环境产生太大的影响。

农业时代人类对周围环境产生较大影响的是对环境资源的索取。在家庭中用火做饭取暖需要燃料，在许多农业区，这是通过砍伐树木取得的。同时，建筑房屋、制作日常用具也需要大量的木材，这往往对森林植被造成重大影响。在我国西汉时期，王侯贵族的墓穴中使用大量的木材做外椁，以至于大片的山林被砍伐殆尽；到了东汉，他们的墓室就变成石头的了。另外，捕鱼、狩猎仍然是农业时代食物来源的重要补充，这也对生态环境造成影响。

在自然生态体系中，大气圈、岩石圈、水三者构成生态的基本环境，弱肉强食的生物链是生态体系的内容，太阳是一切能量的最终来源，绿色植物是太阳能转化为生物能最重要的机制。原始人同生态圈中其他动物相比也许更强大一些，但从生态的角度看，原始人的活动与其他动物活动没有本质区别。在这样的自然生态体系中，人不过是生物链中的一环。农业文明的兴起，使自然生态体系发生了本质的转变。驯化了的物种（农作物及家禽、家畜）、土地的垦殖和定居生活使得人与自然的关系发生了重大的变化，从生态的角度，我把这种变化称为人类亚生态体系的形成。这个人类亚生态体系具有自然生态体系所没有的一些新特点。

第一，能量利用方式发生了变化，产生了巨大的生态后果。在自然生态体系中，太阳是一切能量的最终来源。绿色植物通过光合作用将太阳能转化为生物能储存起来，然后通过食物链的方式在各种生物之间传递。动物活动所耗费的能量都是通过食物获得而储存在自己体内的能量。人类作为生物的活动也离不开这一模式。但是，自火使用以来，人类在生存模式上就超出了动物水平，他们不仅利用自身内储存的能量，而且开始利用自身之外的能量，这使得人类驾驭了任何其他动物所不能掌握的巨大能量。农业文明，使这种利用能量的方式普遍化、经常化。除了用火之外，农业文明区或早或晚开始利用畜力、水力、风力等人体外的自然力。从发展的角度看，这种体外能量的利用几乎是没有限度的，从而产生了深远的生态后果。首先，它使得人类的生存获得了巨大的保障，人口数量开始以超出自然状态的速度增加，从而打破了原有的物种间数量的平衡。自农业文明诞生以来，人口每翻一番的时间逐步减少，对自然生态的压力越来越巨大。其次，由于利用体外能量，人类耗费的自然资源量大幅度增加。这一点农业时代与工业时代相比还不是很突出，但是对森林、草地的侵蚀还是很明显的。

第二，生态特点发生了变化，形成了一个相对独立的生态循环体系。农业时代是从驯化农作物和家禽、家畜开始的。各生物物种在自然状态下是按照自然选择的规律进化的。但是这些驯化的物种则是按照人的选择尺度变化的。更为重要的是，人所消耗的物质和能量不再是像原始时代那样直接取自自然生态链，而主要是取自人自己通过劳动创造的上述驯化的物种圈。这样人就与所驯化的物种形成了一个相对独立于自然生态体系的生态循环。人利用各种工具和牲畜进行劳动，在土地上耕种，收获粮食、棉麻、桑蚕，这成为人们食物、衣物的主要来源。农作物的秸秆，一部分与砍伐的树木成为人们燃烧的能源；另一部分则和一些谷物成为家禽、家畜的饲料。人与家禽、家畜的粪便和人们的其他废弃物则成为肥料反归于农田。这样，围绕人类劳动，农田、农作物、家禽、家畜、人及其周围其他环境因素，构成了一个相对自足的生态循环体系。

这一人类亚生态体系与自然生态体系是对立统一关系。人类亚生态体系不是在自然生态体系之外，而是在其中的一个独特部分。所以二者之间不可能有一个严格界限。在某种意义上，人类亚生态体系是自然生态体系的延续。所有人类生态体系的物种都来自于自然生态体系，而不是人类的发明。在人类亚生态体系所处的地理环境中，包括杂草、灌木、昆虫、走兽在内的野生物种大量存在。反之，随着人类活动范围的扩大，不受人类活动影响的纯粹自然生态体系越来越少。更为重要的是，人类亚生态体系并不能违背自然规律。农耕文明中春种秋收的活动方式正是生态规律的体现。与此同时，人类亚生态体系与自然生态体系之间也存在矛盾。自然生态体系并不是为农业文明设计的，不可能天然适合农耕活动。如前所述，农业文明的诞生就意味着对自然生态体系的改变。人类亚生态体系的扩张则使自然生态体系的范围不断缩小，对野生物种和周围环境造成巨大压力。

人类亚生态圈的形成意味着人类在自然面前生存能力有了根本性的提高。原始人几乎完全是被自然支配的。当人们所处的自然生态体系发生重大变化时，往往威胁他们的生存。自然灾害往往给原始人带来灭顶之灾。农业文明创造了一个在局部环境中比自然生态体系更为稳定的人类亚生态体系，这一体系为人类生存提供比自然状态下更为稳定的物质资料来源，使人类对付自然变化的能力明显增强。但是在农业文明阶段，人类利用体外自然力的能力还非常有限，还没有像现代工业文明那样大规模利用矿物燃料提供巨大动力。人类对自然的干预程度也很有限。

人类亚生态体系主要还是按照自然生态体系的规律运作。我国古人经常强调“天行有常”，这个“常”实际就是自然运作的规律，生产和其他活动都必须符合自然的“常道”。我国农历的二十四节气就是对与农业有关的自然生态规律的总结。“惊蛰”这一节气的说法极具生态特点：春天大地逐渐回暖，万物复苏，蛰伏的昆虫、动物从冬眠状态醒来，大地呈现出勃勃生机，播种、耕耘的时候到了。农业生产是严格按照二十四节气描述的生态规律进行的。一旦自然生态环境变化超出常态，干旱、洪水、病虫害都会给农业生产带来毁灭性打击。人类的生存在很大程度上仍然主要是由自然力控制的 。所以，我们把农业文明时代人类生存状态的特点称为“生态依从”。

第三节　生存悖论的初显

2001 年年初，科学家、考古学家和记者来到新疆罗布泊，考察当地环境变迁的情况，寻找丝绸之路上消失的古城楼兰。楼兰古城遗址位于今天中国新疆巴音郭楞蒙古族自治州若羌县北境，罗布泊以西，孔雀河道南岸 7 公里处。早在公元之前，楼兰地区已是西域农业发达的绿洲，并与中原地区的汉王朝有了来往。作为南北两条丝绸之路的交汇点，楼兰城当时充分吸纳了来自东西各方的交通和商业资源潜力，加之邻近孔雀河，河道密布而水量充盈，楼兰城曾经在丝绸之路上辉煌一时，曾有“积粟百万、威服外国”的壮举。我们今天还可以在唐诗中读到“不破楼兰誓不还”的诗句。但是，根据现代的考证，楼兰古城在公元 3 世纪之后就逐渐被遗弃了。其中的原因，就是随着农业人口的增多，对周围环境的压力越来越大，人们砍伐树木，导致水土流失，河道淤积，最终使河水改道，绿洲变成了沙漠。

楼兰的命运使我们看到人类活动对环境施加的巨大压力。在农业文明时代，这种压力还是初步的，但这种初步的压力已经使像楼兰这些生态平衡相对脆弱的地方遭受灭顶之灾。在这里我们看到人类活动与生态之间的悖谬。这个悖谬表现在两个方面。一方面，人类实际上是自然生态的产物，依赖于自然生态而生存，但是人类的活动又在本质上破坏着自然生态。另一方面，被破坏的自然生态体系又反过来危及人类的生存。楼兰古城的命运正是这一悖谬的体现。

人类是生物进化的产物，没有自然生态体系人类是根本不可能产生的。人类的生存也有赖于从生物圈中获取物质资源。即使人类建立了一个独立于自然生态的亚生态体系，人类仍然离不开自然生态体系。可以说，人类永远也离不开由大气、水、土地及各种生物组成的生物圈。自然生态体系中的生物活动对生态环境起着重要的调节作用。特别是森林、植被，对大气中二氧化碳的浓度变化起着重大的调节作用，保护着土壤、淡水这些对包括人在内的陆生生物必不可少的生存环境条件。森林、草原还是多种生物的栖息地，在维持生物多样性方面有着不可替代的作用。

在农业文明条件下，人类亚生态体系与自然生态体系之间有着更为亲密的关系，前者存在于后者之中，二者之间没有明确的分界线。人类亚生态体系不是一个封闭的循环体系，它与自然生态体系之间有着复杂的物质能量交换。大量的微生物充斥于整个生态体系中，包括人、农作物、家禽、家畜在内的许多动植物都与微生物有着共生关系，人和许多动物体内寄居着大量微生物，帮助人体、动物体消化食物，传递能量；不管是野生的还是驯化的，动植物的遗体、动物的粪便都要靠微生物来分解。如上节所述，一些动植物既出现在自然生态体系中，又出现在人类亚生态体系中。农作物往往和许多野生生物伴生在一起，例如蝶类的幼虫经常以农作物为食，蜕变为蝶后则又为农作物传花授粉。人类还通过渔猎、砍伐从自然生态体系中获取补充的物质资源。所以人类及其亚生态体系高度依赖于生物圈及自然生态体系。但是，人类活动每一次进步都改变着生物圈，在本质上是对自然生态体系的破坏。

人类亚生态体系的建立，打破了所在地原有生态平衡，出现了围绕着人的新的生态平衡，这就意味着原有的自然生态体系的存在空间被人类活动压缩了。耕地是通过改造森林、草地或沼泽而形成的，这些地方原有的生态体系就发生了根本性的变化。自农业文明诞生以来，毁林开荒、围湖造田就一直没有停止过。自 8000 年前大规模农业开垦以来，全球森林面积减损严重。西欧自罗马时代以来，天然林面积减少了 2/3。我国 5000 年前森林覆盖率达到 50%以上，中原一带则在 60%以上，两广、云南、海南、台湾森林覆盖率甚至达到 80%以上。西北地区森林覆盖率较低，也在 20%左右。而今，我国森林覆盖率（含人工林）还不足 14%。就全球而言，远古时代，森林和绿地曾占陆地的 1/3 以上，但是过去的 1 万年里因开发农牧业、建设城镇而砍伐森林，使地球森林植被面积缩小了 1/3。森林的减少大部分与农业垦殖活动有关。

森林、草地、沼泽转变为农田之后，当地原有的自然生态体系不复存在，代之以人类亚生态体系。不仅前文所说的大象从中原地区退出，老虎也是如此。老虎也曾广泛分布于全国各地，随着人类活动的频繁，先后在一些地方绝迹。《水浒传》中武松打虎的故事说明，至迟到宋元时期，山东一带还有老虎出没。而今，全国范围内华南虎、东北虎都濒于灭绝。除了动物园之外，人们很难再看见老虎了。森林的消亡，使全世界有 2.5 万种植物包括许多稀有植物物种以及一些珍稀动物濒临灭绝的威胁，另有 1 万种植物有可能灭亡。大量野生生物被迫从这些地区退出，甚至是灭绝。近 2000 年来，我国就有 100 多种兽类和 100 多种鸟类灭绝。

人类生存活动对自然资源的索取带来局部生态环境的恶化，甚至威胁到农业文明本身。农业文明有目的地耕种和驯养成为人们获取食物的主要手段，使人类的食物来源有了保障。使人口出现了历史上第一次爆发性增长，由距今 1 万年前的旧石器时代末期的 532 万人增加到距今 2000 年前后的 1.33 亿人。人口数量大大增加，迫使人们不断从周围环境索取物质资源，生态环境承受的压力也随之增大。由于生产力水平低，人们主要是通过大面积砍伐森林、开垦草原来扩大耕种面积，增加粮食收成；加上刀耕火种等落后生产方式，导致大量已开垦的土地生产力下降，水土流失加剧，一些肥沃的土地逐渐变成了不毛之地。为了农业灌溉的需要，水利事业得到了发展，但又往往引起土壤盐渍化和沼泽化等。生态环境的不断恶化，不仅直接影响到人们的生活，而且，也在很大程度上影响到人类文明的进程。这是人与生态矛盾的集中体现，人改变自然生态体系是为了更好地生存，但是被改变了的自然生态体系反而危及人的生存。历史上，这一矛盾在许多农业文明区域重复地上演。

古埃及文明是人类有文字记载的最古老的农业文明之一。壮丽的金字塔，威武的狮身人面像，神秘的木乃伊正是古埃及人给我们留下的文化遗产。这一文明诞生的奥秘是尼罗河。尼罗河的水量随季节而变化。每到夏季，丰富的降水使尼罗河水位上涨，溢出河床，来自上游地区富含无机物矿物质和有机质的淤泥随着河水的漫溢，在田野上留下一层薄薄的沉积层，其数量不至于堵塞灌渠、影响灌溉和泄洪，但却足以补充从田地中收获的作物所吸收的无机矿物质养分，近乎完美地满足了农田对于有机质的需要，从而使这块土地能够生产大量的粮食来养育生于其上的众多人口。正是这样无比优越的自然条件造就了埃及漫长而辉煌的文明。然而由于尼罗河上游地区的森林不断地遭到砍伐，以及过度放牧、垦荒等，使水土流失日益加剧，尼罗河中的泥沙逐年增加，埃及再也得不到那宝贵的沃土，土地日渐贫瘠、沙化，灿烂的文明逐渐褪色，失去了往日的辉煌。

巴比伦文明以“楔形文字”、《汉谟拉比法典》和被誉为世界七大奇迹之一的“空中花园”著称于世。这一文明孕育在位于幼发拉底河和底格里斯河之间（现伊拉克境内）的美索不达米亚平原上。曾经，这里林木葱郁、沃野千里，出产富饶，人口繁盛，有着高度发达的文明。巴比伦城是当时世界上最大的城市、西亚著名的商业中心。然而，今天这里却是一片贫瘠之地，黄沙漫漫，风尘肆虐。巴比伦王国早已无存，巴比伦城则是由考古学家从黄沙下发掘出来的。现在，这块土地所供养的人口还不及汉谟拉比时代的

1/4。究其原因，富饶的土地养育了大量人口。人口的压力又迫使人们无休止地垦耕、过度放牧、大肆砍伐森林，破坏了生态环境的良性循环，使这片沃土最终沦为风沙肆虐的贫瘠之地。

我们的西部邻居印度，在历史上是著名的古印度文明。印度河流域的自然环境和开化历史都和美索不达米亚相似。4000—5000年前，这里的农业就很发达，人们利用印度河四季充沛的河水与一年两季的洪水种出了丰盛的庄稼，盛产小麦、芝麻、甜瓜和棉花，是名副其实的粮仓。然而，毫无顾忌地开垦，无休止地砍伐森林，使温德亚山和喜马拉雅山南麓的水土大量流失淤塞了河道，破坏了生态结构和生态平衡，土地沙化出现了，昔日的沃野良田逐渐变成了茫茫沙漠。今天，这里已经是面积达65万平方公里的荒漠。

中美洲的玛雅文明也给我们留下了不同于埃及的金字塔，宏伟的祭坛，设施齐备的城市遗址。有一个问题困扰着历史学家：玛雅文明为什么衰落了？为什么玛雅人放弃了他们辉煌的文明，又退回丛林中过起了原始的生活？答案是生态环境的破坏。一些专家曾经提出，玛雅人有着复杂的宗教体系，所有的城市都是以宏伟巨大的金字塔和神庙为核心。在兴建金字塔和神庙时，玛雅人习惯于用白石灰来粉刷外墙。烧制石灰需要大量木柴，玛雅人便开始砍伐森林。随着城市规模不断扩大，金字塔修建得日益增高，对木柴的需求量也越来越大，最后，大片森林被砍伐殆尽，当地的环境也逐渐恶化，干旱自然不可避免，再加上人口的大量增加超过了土地的承载能力，玛雅文明衰落了，这块昔日繁华的土地几乎人烟绝迹。

我国历史上也发生过类似的事情。周代时，黄土高原森林覆盖率达到50%以上，良好的生态环境，为农业发展提供了优越条件。传说“凤鸣岐山”，“文王”率众在此建国，使这里成为周人的发祥地。日后以此为基业，打败殷商，一统天下。可见这里优厚的农业条件。但是，自秦汉以来，农田的大规模开垦和土木工程的大肆兴建，使大量森林植被遭到破坏，结果水土流失，尘沙四起，田地荒芜，许多地方沦为不毛之地。而且，水土流失殃及黄河，黄河泥沙含量不断增加。宋代时黄河泥沙含量就已达到50%，明代增加到60%，清代进一步达到70%，这就使黄河的河床日趋增高，有些河段竟高出地面很多，形成“悬河”，遇到暴雨时节，河水便冲决堤坝，泛滥成灾，黄河因此而成为名副其实的“害河”。

从上面几个早期文明的例子中可以看出，在农业社会，生态破坏已经到了相当的规模，并产生了严重的社会后果。恩格斯曾经对此评论道：“美索不达米亚、希腊、小亚细亚以及其他各地的居民，为了想得到耕地，把森林都砍完了，但是他们做梦想不到，这些地方今天竟因此成为荒芜不毛之地，因为他们使这些地方失去了森林，也失去了积聚和贮存水分的中心。阿尔卑斯山的意大利人，在山南坡砍光了在北坡被十分细心地保护的松林，他们没有预料到，这样一来，他们把他们区域里的高山牧畜业的基础给摧毁了；他们更没有预料到，他们这样做，竟使山泉在一年中的大部分时间内枯竭了，而在雨季又使更加凶猛的洪水倾泻到平原上。”在此基础上，恩格斯给我们揭示了人与生态悖谬的主观根源“我们不要过分陶醉于我们对自然界的胜利，对于每一次这样的胜利，自然界都报复了我们。每一次胜利，在第一步都确实取得了我们预期的结果，但是在第二步和第三步却有了完全不同的、出乎预料的影响，常常把第一个结果又取消了。”

古人对这些问题也不是全无察觉。实际上，上述各地几乎都产生了生态保护观念。尽管很多学者指责楼兰人不加控制地砍伐了树木，毁掉了自己的生存根基，但科考队通过考古发现的珐栌文和竹简等文献资料了解到，世界上最早的保护森林的法律正出自于这里。人类在长期的生活实践中，逐步意识到保护生态环境的重要意义。根据曲格平先生的考据，古希腊人已经触及到了环境问题，并采取了措施。由于过度垦殖，古希腊草场、耕地破坏严重。面对生态环境的恶化，一些希腊人开始觉醒，公元前590年左右，梭伦已经意识到雅典城邦的土地正变得不适宜种谷物，就极力提倡不要继续在坡地上种植农作物，提倡栽种橄榄、葡萄。古希腊哲人柏拉图、亚里士多德也告诫人们：人口应该保持适当的规模，发展应该与环境相适应；如果生态环境受到破坏，那么今天的繁华之所到明天只将留下一些“荒芜了的古神殿”。

我国古代保护环境的传统也是源远流长，早在西周时期就颁布了《伐崇令》规定：“毋坏屋，毋填井，毋伐树木，毋动六畜，有不如令者，死无赦。”这是我国古代较早的保护水源、森林和动物的法令，而且极为严厉。后来，我国历代王朝也都有保护环境、封山育林的法令。我国古代的思想家许多也都有保护环境的意识。孟子就提出，不要用细密的渔网捕鱼，砍伐林木要有时、有度。管仲也把管理好山林草泽提高到国家大政方针的高度。中国古代追求和谐的“天人合一”思想也被许多人推崇为人与自然和谐的思想先驱。这些思想，也许会为我们今天更为严重的全球性生态环境问题的解决，提供一些启示。

第三章　工业文明:失落的可持续发展

浮士德的故事起源于欧洲 16 世纪以来一个流传很广的传说，浮士德为了实现自己的愿望而把自己的灵魂出卖给了魔鬼。伟大的文学家歌德在这个传说的基础上创作了长篇诗剧《浮士德》。

对这人世间我已经参透，
对彼岸的憧憬一任东流。
愚人才目光向彼岸闪烁，
想象着有同类住在天国；
有为者巍然看定四周，
这世界对他几曾沉默！
他何去到永恒中漫步！
认识到了的就径直抓住。
他只踏住这一世光阴，
任魔怪形，我行我素。
前进中会有苦乐悲欢，
他任何时候也不足。

魔鬼让浮士德经历了令人荡气回肠的爱情，让他跻身于宫廷、朝堂之上，甚至使他和古希腊的美女海伦结合。然而，这一切都不能使浮士德满足。最后，浮士德感到，只有改造自然，建设一片乐土，造福于人类才能使他满足。在魔鬼的帮助下，他移山填海，建成了他理想中的乐土。浮士德望着他的成就，欣慰地叹息一声。他真的满足了吗？正当魔鬼要带走浮士德灵魂的时候，上帝拯救了他。

浮士德正是人类的代表，有着永远难以满足的欲望。浮士德也是工业时代人类的象征，这时的人类认为可以在征服、改造自然的过程中满足人类的一切愿望。当然，没有一个魔鬼用神奇的魔法来帮助你，但是人类却拥有魔鬼般的力量。这种魔鬼般的力量来源于人自身：人用自然的力量去改造自然。

人达到这一目的的魔法就是知识。培根的名言“知识就是力量”正是这一魔力的体现。培根要求人类去逼问、甚至是拷问自然，以便去发现它的规律，才能征服、改造自然。自然不再保有它原来对于人的神秘和灵性，成了人类宰制的对象。培根的要求与浮士德的精神是一致的。可以说，整个西方社会，自文艺复兴以来一直充斥着乐观的、进取的情绪。人类天真地以为，随着知识的进步，人类必将征服自然，人类面临的一切问题最终都是能够解决的。在这种情绪推动下，人类进入了工业文明，确实是释放出了魔鬼般的巨大力量。这种力量使人类巨大地改造了自然生态的面貌，并且带来了丰硕的物质成果。特别是在发达国家，生存问题已经解决，甚至进入了疯狂的物质享乐时代。然而，人类释放出的这种巨大的力量看来并没有被人类完全驾驭。就像普罗米修斯盗来火种而隐含着灾难一样，工业文明的力量也有其灾难性的后果。浮士德式的欲望刺激着人们去消耗资源，生产污染物，结果生态失衡了，地球家园被破坏了。浮士德满足于他的成就，他被上帝拯救了。人类能满足于征服自然的物质成就吗？谁来拯救人，谁来拯救人类的地球家园？

第一节　可持续发展失落的原因

人类为什么具有如此巨大的自信，又是如何释放出这种魔鬼般的力量的呢？人类作为一种生物，作为自然的存在，从诞生之日起，一直是被自然支配的。但是，人类从一开始就发展着超自然的生存方式，想方设法从自然中获取自己的最大利益。到了近代，人类终于找到了对付自然的途径，建立了发挥自己巨大潜能的机制。这个途径就是深入了解自然规律，并把这种了解应用于实践，机制就是知识—机器—市场的工业文明。

人类从诞生之日起，就开始积累知识。人是各类动物中保持好奇心时间最持久的。小猴子对新奇的事物也有好奇心，但是不久就失去了，人类的好奇心则能保持到成年以后。受这种好奇心的驱使，人类不断探索各种各样的奥秘。人比动物更高明的一点在于，他们能够把他们探索的知识，获得的生存经验积累起来，并一代一代传下来。这样每一代人能够在前人知识的基础上进步，这是任何动物都无法比拟的。人类之所以具有强大的力量，这是一个很重要的原因。人们在生存活动中，不断改进、积累他们的生存技巧，生产技术越来越进步，人类也就越来越强大。

动物也有一些生存技巧。狮子会潜伏在水边，等候干渴的动物；狼群能够相互协作围捕猎物；大猩猩甚至能够加工枝条，用于获取白蚁而食。这些动物的技巧，大多是动物本能的体现，后天学习得来的技巧微乎其微，而且很少积累流传下去。更为重要的是人类产生了理论知识。这种知识在它刚诞生时好像与人类的生产实践没有什么关系。古希腊哲学家亚里士多德说这种知识纯粹是出于人类的好奇心。亚里士多德这话并不错，当时的人们确实看不出诸如数学、物理学、生物学的研究有什么实际意义。阿基米德发现了浮力定律，也不过是解决了王冠中是否掺假的问题；亚里士多德生物分类的研究，也与当时的畜牧、养殖业无关。这些理论知识离生产实践确实很遥远。但是，正是这种理论思考，不断扩展着人类思考与探索问题的深度，经过艰难曲折的探索，终于孕育出了近代科学。

近代科学开始奠基了一种完备的科学方法和分类的知识体系。首先，这种科学要求抛弃各种神秘因素，进行理性的分析。法国科学家和哲学家勒内·笛卡儿提出了分析、还原的方法，要求将复杂问题分析、还原为较为简单的单元，以使研究能方便、精确地展开。其次，近代科学不是建立在想象和猜测基础上，而是建立在精确的观察和科学实验基础上，这使得科学成为一种客观有效的知识。最后，近代科学与数学建立了紧密的联系，这样科学就能够进行精确的描述和预言，使科学知识大规模应用于人类生产成为可能。在这些基础上，17 世纪以来，科学在西欧获得了长足的进展。化学描制出了一幅元素周期表，使人们对构成我们周围事物的性质有了清醒的认识，也为化学工业的发展奠定了知识基础。生物学分门别类的研究，则使我们了解了与人同在进化路上发展的生物同伴，也挑起人们利用生物资源的欲望与野心。最为成功的是物理学，牛顿建立了一个近乎完美的一个力学体系，它用数学公式表达的定理，它做出的准确的预言，使物理学成为各门科学争相效仿的典范。这样，人类逐步建立起一个完备的科学体系，而且科学最终与人类生产技术结合在一起，成为一种强大的力量。

在 17 世纪以前，中国，也许还有印度，在纺织、陶器、瓷器以及金属用品的生产技能方面一直处在世界领先地位。波斯与阿拉伯的商人沿着丝绸之路在欧亚大陆两边进行贸易。欧洲人不满于阿拉伯人的垄断，从 14 世纪开始直接与印度和中国进行贸易。这样欧洲的海上贸易空前地发展起来。为了进行贸易，就必须有进行交换的商品。西欧各国，特别是英国的商品生产被大大激发起来。为了生产更多的、廉价的产品，从 17 世纪开始，在英国掀起了一股改进生产技术的热潮。纺织技术改进的速度尤其迅速，原来依靠水力驱动机器已经不能满足要求。经瓦特改进的蒸汽机应运而生。蒸汽机的出现标志着大规模机器生产时代的到来。机器大生产的特点在于，集中的、标准化的、大批量的生产。商品以惊人的速度生产，廉价的工业品充斥世界。机器大生产的后果是传统的农业、手工业生产方式在工业品的冲击下趋于瓦解，自然经济被市场经济所取代。

人类很早就开始了商品交换，而且有着商品交易的市场规则。中国在西周时期就有固定的市场交易场所和管理交易的官员。汉语中“东西”一词据说就来源于汉代的市场，居民们到东市、西市购物，俗称“买东”、“买西”，遂有“东西”一词。古希腊、罗马商品交易更是繁荣。特别是罗马，帝国的基础差不多可以说是建立在商业之上，罗马法在很大程度上与商品交易有关。日后西欧的民法典、商法典都与罗马法有关。但是，总体上说来，农业与手工业条件下的商品生产，规模太小，因而自然经济在古代社会是占主导地位的。中国的小农经济和欧洲的庄园经济都是自然经济的表现。日出而作，日落而息，温饱和安定是大多数人追求的理想，朴素、节俭是受崇尚的美德。生产的目的指向人们温饱型的消费。近代以来的市场经济则与此完全不同。为了进行大规模的商品交换，一个包含资本、契约、簿记、信贷等日趋复杂要素的市场体制逐步形成。市场，用英国古典经济学家亚当·斯密的话说，成了一个无形的手，它主导着社会的生产活动，乃至一切经济活动和社会活动。生产就是为了市场。发现市场，就是发现了财富。一百年以前，当英国人初次打开中国大门的时候，商人们为将与四亿人开放贸易兴奋若狂，因为在他们看来，“只要每个中国人每人每年需用一顶棉织睡帽，不必更多，英格兰现有的工厂，就已经供给不上了”。英国人当时的愿望落空了，中国需用并买得起棉织睡帽的人实在是太少了。但是英国人被市场这只看不见的手所强烈牵引的事实却昭然若揭。市场具有内在的扩张机制，它用商品和商品交易扩大自己的影响。在英国之后，法国、德国乃至整个欧洲和北美都卷入这种市场经济的圈子。进入 21 世纪，你很难在世界上找到一个角落不受市场经济的支配。

市场经济本质上是一种鼓励消费的经济。只有大规模的消费，才会有广阔的市场。农业社会勤俭、朴素的美德在市场经济社会中逐步地被侵蚀。人类与此前的社会形态相比真正进入了一个高消费时代。用过就扔，能挣会花成为社会的时尚。浮士德式的无尽欲望终于找到了它实现的场所。

知识、机器、市场三个要素近代以来紧密结合在一起，成为人类生存、生活的强大机制。规模化的机器生产天然是与市场经济联系在一起的。贸易的发展刺激了机器大生产的诞生，机器大生产促进了市场的繁荣与扩张。而在这两者背后，知识成为一种越来越重要的力量。在第一次工业革命时期，科学知识所起的作用并不大。做出技术改进和发明的很多都是工人。这些工人熟悉机器的各个部件，在工作中不断积累经验，即可找出最有效解决问题的方式。但是，随着工业的进一步发展，机器日趋复杂，新的工业部门的出现都需要新的系统的知识，与科学联系的技术开始在生产中扮演主角。第二次工业革命，电力的广泛应用，与人类关于电的科学知识的增长密不可分。进入 20 世纪，科学发展又有了实质性的进展。各门科学追随物理学建立了能够进行定量分析的理论体系，物理学本身也超出了牛顿力学的范围。爱因斯坦相对论的诞生不仅给我们描述了一个新的宇宙图景，一种更加广阔的科学视野，而且把我们带入了一个新的时代——原子时代。原子核裂变释放的巨大能量蕴含了一种新的能源前景。通过噩梦般的原子弹爆炸与核冷战的威胁，人类步入原子时代。人类强大到了能够足以毁灭自身的程度。苏联和美国都声称拥有足以把地球毁灭几十次的核力量。

第二次世界大战结束之后，以信息技术为主导的新一轮技术革命开始了。美国著名的未来学家丹尼尔·贝尔，从 20 世纪 60 年代开始研究这一新技术革命广泛的社会后果。他得出结论说，人类正在步入后工业时代，步入一个知识主导经济的时代。到 90 年代，贝尔的预言基本上变成了现实。后工业时代，工业生产依然存在，但这个工业经济的增长和社会各方面的发展都是建立在知识增长的基础上。科学、技术日渐一体化。科学突破往往直接导致技术的发展。新材料、新工艺、新产品，层出不穷。知识—机器—市场的模式取得了决定性的胜利。

知识—机器—市场的机制在其建立的时候，就开始了在世界范围的扩张。率先建立这一机制的欧美国家成为世界列强，它们用工业经济支撑起来的现代武装和廉价商品统治世界。及时迎头赶上的新兴国家则从中分一杯羹。葡萄牙、西班牙的无敌舰队从大西洋来到太平洋，英国在全球各地都有殖民地，号称日不落帝国；法、德、美国也不甘落后，争先恐后加入到瓜分世界的狂潮之中；率先实现工业化的亚洲国家日本，居然打败了人口、国土面积数倍于它的清帝国，世界逐步处于资本支配的市场的控制之下。当越来越多的国家走上独立发展工业的道路时，知识—机器—市场这一工业文明机制隐含的矛盾则触目惊心地暴露在人类面前：知识—机器—市场的机制是一个物质/能量高度扩张性消耗的机制，而物质财富的消耗可以是无限的吗？知识使人们得以驾驭自然力量，自然物质资源变成了人类的力量。工业创造了大量的物质财富，但财富并不是人类凭空造出来的。亚当·斯密说，“土地是财富之母，劳动是财富之父”。无论人类多么勤劳，都不能无中生有。财富最终是从自然物质资源转化而来。自然资源也不会像民间传说中的百宝箱那样取之不竭，用之不尽。自然资源有两类，非再生性资源与可再生性资源。石油、煤炭和其他所有矿物资源都是储量有限不可再生的。石油完全可能在未来几十年中消耗殆尽，煤炭也许能够维持更长久的时间。这里直接的问题是，当这些不可再生资源消耗完时，怎么办？寻找替代资源，这是谁都可以想到的。问题是，是我们消耗太快，以至于在我们寻找到替代资源之前我们就已经发生资源危机了。20 世纪 70 年代以来，工业世界已经数度发生了能源危机。可再生资源，主要是生物资源，也面临同样的问题。人类消耗这些可再生资源的速度在许多方面已经超出了这些再生资源再生的速度。森林大面积的减少就是一个明显的例子。更深层次的矛盾是人的扩张与自然的冲突。知识、机器于市场的工业文明机制，是人类超生态生存的典型。自然生态存在的意义，在工业文明中都被视为机器加工的对象。在这种情况下，人们看不见森林，看到的只是木材；看不见野生物种，看到的只是美味；看不见沼泽、荒野，看到的只是耕地；看不见秀美的山峦，看见的只是矿山。不幸的是，知识、机器与市场的工业文明机制太强大了。它把在理想中看见的这些东西都变成了现实。人类一枝独大，自然生态中的其他方面几乎都陷于衰退之中。人与自然的和谐关系逐步丧失了。生态陷入裂变之中。

第二节　可持续发展失落的后果之一：环境污染

知识、机器与市场奠基了近代以来的工业文明体系。这一文明体系把人类利用自然力以对付自然的能力发展到了前所未有的程度。人与周围生态环境的关系也发生了质变。农业文明对生态环境的影响往往是通过几十年甚至数百年的积累才显现出来，极端恶性的生态后果往往是伴随着天灾人祸而来，并且也不是在所有农业文明区域普遍发生的。工业文明则不然，由于人们具有日渐全面、深入的关于自然规律的知识，能够全面利用自然力达到自己当下的目的，使得工业体系所到之处立即对当地环境产生巨大影响，生态体系开始发生质变。这种质变一开始局限于工业体系所处地域，尚未对全球性生态环境构成威胁。我们把它称之为环境污染。

环境污染真正引起人们的重视和普遍关注，是在20世纪50年代以后，由于工业和城市化的迅速发展，产生了一系列重大的环境污染事件。正是由于这些事件导致了人群在短时间内大量致病和死亡，产生了不利于社会、经济发展的社会效应，促使环境污染成为一个全球社会性的问题而被人们重视。

环境污染是指有害物质或因子进入环境，并在环境中扩散、转移和转化，使环境系统结构与功能发生变化，对人及其他生物的生存和发展产生不良影响的现象。如工业废水或生活污水的排放使水体水质变坏，化石燃料的大量燃烧使大气中的颗粒物和二氧化硫的浓度急剧增高等现象，均属于环境污染。环境污染是人类活动的结果。随着工业化和城市化的发展及人口的增加，人类如果对自然资源进行不合理的开发利用，环境污染将会日趋严重。

环境污染有不同的类型，因目的、角度的不同而有不同的划分方法。按环境要素，可分为大气污染、水体污染、土壤污染等；按污染物的性质，可分为物理污染（如声、光、热、辐射等）、化学污染（如无机物、有机物）、生物污染（如霉菌、细菌、病毒等）；按污染物的形态，可分为废气污染、污水污染、噪声污染、固体废物污染、辐射污染等；按污染产生的原因，可分为工业污染、交通污染、农业污染、生活污染等；按污染物分布的范围，可分为全球性污染、区域性污染，局部性污染等。

环境污染源是指造成环境污染的发生源或环境污染的来源，即向环境排放有害物质或对环境产生有害影响的场所、设备和装置等。例如，垃圾堆放的、垃圾填埋场，农药、化肥残留的，化工厂或化工厂原址，高压输电线路、无线电发射塔、建筑材料，受污染的河流、沟渠，厕所、垃圾站（垃圾处理厂），汽车、火车、轮船、飞机、农贸市场等都是污染源。

工业文明对生态环境的威胁不仅表现为各种污染，深层的原因在于它对自然资源的利用方式。机器大生产使人类真正开始大规模利用自然资源确保自身的生存。人的生存得到了保障，人口数量以前所未有的速度增长。庞大的人口数量又刺激着更大规模的生产发展和更大规模的自然资源的利用。18 世纪英国经济学家马尔萨斯率先对人口增长带来的危机进行系统研究，他论证道："不论在人口未受抑制的情况下其增长率有多高，人口的实际增长在任何国家都不可能超过养活人口所必需的食物的增加。"马尔萨斯主要考察了人口增长与粮食增长的关系，由于忽略了技术进步的因素，他所预言的粮食危机并未在全球范围内出现。如果考虑马尔萨斯研究的对象主要是北美、欧洲的话，他更是错了。但是马尔萨斯对人口增加给人类社会可能带来危机的提醒可能永远具有重要意义。许多资源，例如森林、水、土地、矿物乃至大气都是有限的，它们的污染与损耗将给人们带来不可逆的恶果。

1. **大气污染**

瓦特发明了活塞，极大提高了蒸汽机的效率，成为工业革命最具深远意义的技术进步。此前，人类从畜力、风力、水力中只能获得小规模的推动力，难以满足工业化对动力的需求。蒸汽机以煤为能量来源，给人们提供了稳定、巨大的推动力，它使得大规模机器生产成为现实，并带来了蒸汽机驱动的轮船、火车这类便捷的新型运输方式。可以说，这一技术进步可以和火的使用相提并论，是人类步入工业时代的技术关键。蒸汽机开创了大量使用化石燃料作为动力来源的时代，也开始了大气污染的历程。

大气就是空气，是人类赖以生存、片刻也不能缺少的物质。一个成年人每天大约吸入 15 千克的空气，远远超过每天所需要的食物和饮水的量，所以空气质量的好坏对人体健康十分重要。大气污染是一种普遍发生的环境污染，对人体健康造成很大的危害。洁净的空气中，各种气体都有确定的比例。大气污染就是空气污染，是指人类向空气中排放各种物质，包括许多有毒有害物质，破坏了空气中气体的确定比例，使空气成分长期改变而不能恢复，以致对环境产生不良影响的现象。排入大气的污染物种类很多，根据污染物的形态，可分为颗粒污染物和气态污染物两大类。

颗粒污染物是指能悬浮在空气中的颗粒物，主要有尘粒、粉尘、烟尘和雾尘等。这类污染物能散射和吸收阳光，使能见度降低，落到植物上，会堵塞植物气孔，影响其生长。随着现代工业的发展，很多重金属的颗粒物排到大气中之后，能引起人体慢性中毒及其他很多疾病。气态污染物是指以气态进入大气的污染物，主要有硫氧化物、氮氧化物、一氧化碳、碳氢化合物等。硫氧化物主要有二氧化硫和三氧化硫，其中二氧化硫的数量最多，危害也最大，它不仅自身就有很大的危害，而且在空气中与水蒸气结合能形成硫酸雾，硫酸雾随着雨雪降落，形成“酸雨”，造成更大的破坏。氮氧化物主要有一氧化氮和二氧化氮，其中一氧化氮本身对身体无害，但进入空气之后转化为二氧化氮就能造成很大的危害，导致很多疾病。一氧化碳在城市大气污染物中含量最多，无色无味，大部分来自汽车尾气。人体是靠血液中的血红蛋白携带氧气到各个组织，但是进入呼吸道一氧化碳与血红蛋白的结合力比氧气与血红蛋白的结合力大得多，能引起组织的缺氧，所以一氧化碳的危害是隐性的，危害更大。碳氢化合物包括甲烷、乙烷、乙烯等。碳氢化合物与空气中的氮氧化物在阳光的作用下形成浅蓝色烟雾，被称为光化学烟雾，危害非常大。这两类污染物通常是一起起作用而造成危害的。

疾病调查已发现暴露于一定浓度污染物（如空气中所含颗粒物和二氧化硫）所导致的健康后果，诸如呼吸道功能衰退、慢性呼吸疾病、早亡以及医院门诊率和收诊率的增加等。1989 年，研究人员对北京的两个居民区作了大气污染与每日死亡率的相关性研究。在这两个区域都监测到了极高的总悬浮颗粒物和二氧化硫浓度。估算结果显示，若大气中二氧化硫浓度每增加 1 倍，则总死亡率增加 11%；若总悬浮颗粒物浓度每增加 1 倍，则总死亡率增加 4%。对致死原因所作的分析表明，总悬浮颗粒物浓度增加 1 倍，则慢性障碍性呼吸道疾病死亡率增加 38%、肺心病死亡率增加 8%。1992 年，研究人员对沈阳大气污染与每日死亡率的关系作了研究，结果表明，二氧化硫和总悬浮颗粒物浓度每增加 100 微克/立方米，总死亡率分别增加 2.4% 和 1.7%。城市空气污染所带来的其他人体健康损失也很大。分析显示，由于空气污染而导致医院呼吸道疾病门诊率升高 34600 例；严重的空气污染还导致每年 680 万人次的急救病例；每年由于空气污染超标致病所造成的工作损失达 450 万人次。

酸雨对生态环境的破坏是大气污染更为严重的危害。酸雨是由硫化物和氮化物与空气中水和氧之间化学反应的产物。燃烧化石燃料产生的硫氧化物与氮氧化物排入大气层，与其他化学物质形成硫酸和硝酸物质。这些排放物可在空中滞留数天，可迁移数百或数千公里，然后以酸雨的形式回到地面。弱酸性的雨水可以溶解地上的矿物质，这些矿物质和雨水中的氮和硫可以被植物吸收。但是当酸度超过一定的界限，就会带来灾难性的后果。化学上用 pH 表示酸碱度。当雨水的酸碱度低于 5.5 时就被视为酸雨。挪威、美国一些地方的酸雨，pH 小于 4，具有极强的腐蚀性。目前，全世界有三大酸雨区：北美地区、北欧地区、中国南方地区。酸雨对森林是极大的威胁。欧洲有近 400 万公顷森林饱受酸雨摧残。1980 年，一场异常的寒流袭击了欧洲，在德国苏台德山脉的“黑三角地带”大片早已被酸雨侵蚀得表皮剥离的枯黑林木，像一盘骨牌般纷纷倒下。这块地方日后被称为“森林的墓地”。酸雨对其他生态系统也有极大危害。酸雨进入水域，能够影响鱼类的繁殖发育，导致河湖中鱼类消失。酸雨破坏了欧洲 4000 多个湖泊的生态，使之变成了无鱼的死湖。酸雨还能加速建筑物的锈蚀与风化，我国的乐山大佛、法国的埃菲尔铁塔、美国的自由女神像等著名露天古迹或建筑都遭到不同程度的侵蚀。酸雨腐蚀岩石，使其中的铅、汞、镉、铝等物质析出，污染水源、土壤，使这些毒素在生物圈中恶性循环。

中国酸雨分布区域广泛。酸雨出现的区域近年来基本稳定，主要分布在长江以南、青藏高原以东的广大地区及四川盆地。华中、华南、西南及华东地区存在酸雨污染严重的区域，北方地区局部区域出现酸雨。酸雨区面积占国土面积的 30%。据 106 个城市的降水 pH 监测结果统计，降水年均 pH 范围在 4.3—7.47，降水年均 pH 低于 5.6 的城市有 43 个，占统计城市的 40.6%。统计的 59 个南方城市中，41 个城市降水年均 pH 小于 5.6，占 69.5%。其中酸雨频率超过 80%（含 80%）的城市有怀化、景德镇、遵义、宜宾和赣州。北方城市中，图们、青岛降水年均 pH 仍然小于 5.6。

大气污染主要有以下几个污染源。

一是工业污染。产生大气污染的企业主要有钢铁、有色金属、火力发电、水泥、石油炼冶以及造纸、农药、医药等企业。它们在生产过程中排出各种有毒有害物质，例如钢铁企业的大气污染物以硫氧化物和粉尘为主；烧石灰、金属冶炼等都是粉尘污染的大户；有色金属企业以硫化物为主；各种化工企业可以产生各种大气污染物，如硫氧化物、氮氧化物、碳氢化合物以及悬浮颗粒物等。

“处处弥漫着雾。从绿洲和草原流出的小河上，笼罩着的是雾，雾还掩盖着河的下游，那里聚积着由肮脏城市和停泊小船所倾出的污物。雾罩在埃塞克斯的沼泽上，罩在肯狄施的高地上。雾覆盖在车场上，还飘荡在大船的帆桅四周。……雾飘进格林威治退休老人的眼睛里和咽喉里，使他们在炉旁不断地喘息。”

这是一百多年前，英国著名作家查理·狄更斯的著名小说《荒凉之屋》（*Bleak House*）所描述的阴暗图景，可以说是伦敦大气污染的真实写照。英国是工业革命的发祥地，也是最早饱尝污染苦果的国家。这种污染给伦敦人带来了实实在在的伤害。1873 年 12 月中就有 268 人因肺部疾病死去，上万人肺部感染。1952 年 12 月 5—8 日，英国伦敦上空连续四五天烟雾弥漫，煤烟粉尘蓄积不散，造成震惊一时的 8000 人死亡的严重事件，以后两个月又有 8000 人陆续死亡。1957 年、1958 年又两次出现类似事件。这是煤烟污染的典型。伦敦冬季气候湿润，人们取暖的壁炉中排出滚滚浓烟，在无风的时候，这些浓烟悬浮在伦敦上空经久不散，二氧化硫、空气中的悬浮颗粒数倍乃至 10 倍于平时，致使许多人受害。

二是交通污染。交通污染一般都是指移动污染，主要是各种机动车辆、飞机、轮船等排放有毒有害的物质进入大气。由于交通工具以燃油为主，主要污染物为碳氢化合物、一氧化碳、氮氧化物和含铅污染物，尤其是汽车尾气中的一氧化碳和铅污染，据统计，汽车排放的铅占大气中铅含量的 97%。汽车这种 20 世纪最重要的运输工具，所依赖的驱动力则来自于石油，其尾气中包含氮氧化物、一氧化碳等对人体危害很大的成分，排放的铅也是城市大气中重要的污染物。含铅汽油经燃烧后 85% 左右的铅排放到大气中造成铅污染。儿童是这种铅污染的最大受害者，它能够影响儿童的身体和智力发育，严重者能够致人死亡。

2. 水体污染

水是生命之源，动植物都离不开水的滋养。工业化之前，基本上不存在水污染问题。那时，即使人们向水体中排放废弃物，这些废弃物都是可以被自然消化掉的。河流具有很大的自净能力。流水冲刷盐分、土壤、树枝和石屑，最后流入海洋。细菌利用溶于水中的氧来分解有机污物，并转而被鱼类和水生植物所吸收。然后水生植物再放出氧与碳回到生物圈。工业化时代以来，人们开始排放大自然和各种生物难以消受的浊物，江河湖海受到毒化。来自城市下水道、来自纸浆和造纸工业、来自牧场的有机或生物降解的废物，也能使河流中可利用的溶解氧消耗过多。细菌在分解污水中的杂质时，需要消耗大量的氧，氧的含量下降了，有时甚至全然耗尽。可是，所有水生生物都需要氧，所以缺氧的河流将会丧失生物生长的能力，变成数里长的臭水沟。河水流得愈慢，危险性也就愈大。被污染的水中的悬浮物、有机物、石油类、挥发酚、氰化物、硫化物、汞、镉、铬、铅、砷等主要污染物，不仅使各种生物难以生存，而且已成为危害人们健康的“致命杀手”。

水体是河流、沼泽、水库、地下水、冰川和海洋等储水体的总称，不仅包括水，而且包括水中的浮游物、底泥及水中生物等。从自然地理的角度讲，水体是指地表被水覆盖的自然综合体。水体污染是指污染物进入河流、湖泊、地下水或海洋等水体后，当污染物在数量上超过了该物质在水体中的本底含量和水体的环境容量后，导致水体的物理特征、化学特征和生物学特征发生不良变化，破坏了水中固有的生态系统，从而降低了水体的使用价值和使用功能的现象。水体污染可分为地面水污染、地下水污染和海洋污染。地面水的污染多来自于工业和城市生活排放的污水以及农田、农村居民点的排水。海洋污染的范围主要是沿海水域的污染，主要是由航行沿海的船舶所排放的废油，油轮触礁而渗漏的原油，临海工厂排放的废水，沿海居民所抛弃的垃圾，以及河流带来的污染物等所致。被污染的地表水可能随雨水渗到地下，引起地下水污染。另外，过度开采地下水不仅使地下水位下降，而且可以使水质恶化。由于地下水是一种封闭性的水源，一旦被污染，很难得到净化；即使切断污染源，仍需要很长的时间才能恢复清洁。

水体污染物有很多种。

植物营养物。植物营养物主要指氮、磷、钾、硫及其化合物。氮和磷都是植物生长繁殖的营养素，从植物生长的角度来看，这些东西都很宝贵，但是过多的营养物质进入天然水体，使水体染上“富贵病”，从而恶化水质，导致藻类大量繁殖，产生“赤潮”现象，严重影响鱼类的生存。

酚类化合物。酚有毒，水体遭受酚污染后，将严重影响水产品的产量和质量；人体经常摄入，会产生慢性中毒。水体中酚的主要来源是工业排放的含酚废水。

氰化物。氰化物是剧毒物质，一般人误服0.1g左右的氰化钾或氰化钠就会立即死亡，敏感的人甚至服0.06g就能致死。含氰废水对鱼类也有很大的毒性。水体中的氰主要来自于工业排放的含氰废水。

酸碱。酸碱废水破坏水体的自净功能，腐蚀其他物体。如果长期遭受酸碱污染，不仅水质逐渐恶化，还会引起周围土壤酸碱化。酸性废水主要来自于矿山排水和各种酸性废水、酸性造纸废水等，雨水淋洗含二氧化硫的空气后，汇入地表水体也能造成酸污染。碱性废水主要来自于碱法造纸、人工纤维、制碱、制革等工业废水。

放射性物质。水中含有的放射性物质构成一种特殊的污染，其中最危险的是锶和铯等。这些物质的半衰期长，经水和食物进入人体后，在一定部位积累，增加对人体的放射性照射，严重时可引起遗传变异和癌症。在水环境中，放射性物质虽然不多，但能经水生食物链而富集。

水体污染物除了有生活污水和农业生产造成的以外，主要是工业生产过程中排放的废水。工业污染的量大、面广、含污染物多、成分复杂，在水中不易净化，处理也很困难。例如：1935 年，日本熊水县水俣湾附近发现了一种奇怪的现象，一些猫像喝醉了酒似的，步态不稳，最后跳入水中自杀。与此同时，一些人也患上了与猫类似的疾病。病人往往最后精神失常，身体弯曲，高叫而死。1956 年，患者达到 96 人，其中 18 人死亡。经调查发现，一家氮化肥厂把富含甲基汞的废水排入水俣湾，通过食物链，甲基汞在鱼类和贝类体中聚集，人和猫食后中毒。这种病因医生无法确诊而称之为“水俣病”。1972 年，那家化肥厂被迫改变工艺，但已有 180 多人遭受水俣病的折磨，50 多人死亡，2 万多人受害。1965 年日本西部海岸的新瀉县，由于另一家企业含水银废水的污染，也出现了水俣病，在很短时间内病患者增加到 45 人，并有 4 人死亡。

3. 土壤污染

空气和水都遭受了严重的污染，那我们脚下的大地又怎么样呢？大地在工业废物和生活垃圾的污染下，也没能逃脱厄运。

经济学家亚当·斯密说，土地是财富之母。给人类带来财富的源泉也难逃工业污染的厄运。工业是建立在矿物资源基础上的。废弃的矿渣占领了许多土地，造成污染。英国南威尔士庞大的矿渣堆，南非约翰内斯堡的周围尾矿，全堆积成山，这些都是大规模采矿遗下的后果。在 20 世纪 60 年代中期，美国报道每年要采掘 56 亿吨矿石，在提取了有用的矿物以后，半数以上就随意抛弃了。到 70 年代 300 万英亩的土地已被露天开采，其中仅有 1/3 的面积得到初步复原。所有这些遗留物都造成了特殊的问题。酸类物质渗入了地下水。废矿区的地面下陷，使房屋在百尺深的巨坑边难以平衡，房后的阳台好像悬挂在陷坑的高空一样。这种景象在我国的许多矿区也并不罕见。其他工业废弃物、工业废水也严重污染着土地，造成无穷的危害。

白色污染也是近年来媒体中频繁出现的一个词。1909 年，美国人 L. 贝克兰首次合成酚醛塑料，为此后各种塑料的发明和生产奠定了基础。然而，由于塑料在数百年内不会自然降解，成为今日威胁着全世界的塑料垃圾，即“白色污染”问题的根源。造成本色污染的主要来源，主要是生活垃圾。塑料已经深入到我们的生活，没有哪个人不同塑料打交道，也没有哪个家庭没有塑料制品。特别是塑料袋，更是无处不在。这些废弃的塑料制品、塑料袋回收率很低，它们就在我们的生活世界里飘荡。特别是在铁路、公路两旁，在城乡接合部，四处散落的塑料垃圾不仅有碍观瞻，而且它们往往附着有机垃圾，成为细菌、蚊蝇滋生的场所。

近年来，许多发展中国家推广地膜覆盖技术，在早春时节，用塑料薄膜覆盖幼苗，使产量增加，收获期提前，使农民收入有所提高。其后果则是白色污染进入耕地。这些未被完全清理的塑料片被翻入地下，影响植物根系发育，长时期影响着土地的出产。另外，废弃的塑料袋被抛入江河，流入海洋，是水面漂浮物的主要来源之一。近来人们发现一些大型水生生物莫名地死亡，解剖发现，它们居然是把塑料袋吞入腹内。

化学制剂，特别是杀虫剂大量使用，是土地污染最为严重的一个方面。1962 年蕾切尔·卡逊《寂静的春天》一书出版。这是生态运动史上一部划时代的著作，它让我们看到了杀虫剂这个工业时代产物带来的我们不愿看到的另一面。

从前，在美国中部有一个城镇，这里的一切生物看起来与其周围环境生活得很和谐。这个城镇坐落在像棋盘般排列整齐的繁荣的农场中央，其周围是庄稼地，小山下果园成林。春天，繁花像白色的云朵点缀在绿色的原野上；秋天，透过松林的屏风，橡树、枫树和白桦闪射出火焰般的彩色光辉，狐狸在小山上叫着，小鹿静悄悄地穿过了笼罩着秋天晨雾的原野。沿着小路生长的月桂树、荚蒾和赤杨树以及巨大的羊齿植物和野花在一年的大部分时间里都使旅行者感到目悦神怡。即使在冬天，道路两旁也是美丽的地方，那儿有无数小鸟飞来，在出露于雪层之上的浆果和干草的穗头上啄食。郊外事实上正以其鸟类的丰富多彩而驰名，当迁徙的候鸟在整个春天和秋天蜂拥而至的时候，人们都长途跋涉地来这里观看它们。另有些人来小溪边捕鱼，这些洁净又清凉的小溪从山中流出，形成了绿荫掩映的生活着鳟鱼的池塘。野外一直是这个样子，直到许多年前的有一天，第一批居民来到这儿建房舍、挖井筑仓，情况才发生了变化。从那时起，一个奇怪的阴影遮盖了这个地区，一切都开始变化。一些不祥的预兆降临到村落里：神秘莫测的疾病袭击了成群的小鸡，牛羊病倒和死亡。到处是死神的幽灵，农夫们述说着他们家庭的多病，城里的医生也愈来愈为他们病人中出现的新病感到困惑莫解。不仅在成人中，而且在孩子中出现了一些突然的、不可解释的死亡现象，这些孩子在玩耍时突然倒下了，并在几个小时内死去。一种奇怪的寂静笼罩了这个地方。比如说，鸟儿都到哪儿去了呢？许多人谈论着它们，感到迷惑和不安。园后鸟儿寻食的地方冷落了。在一些地方仅能见到的几只鸟儿也气息奄奄，它们战栗得很厉害，飞不起来。这是一个没有声息的春天。这儿的清晨曾经荡漾着乌鸦、鸫鸟、鸽子、樫鸟、鹪鹩的合唱以及其他鸟鸣的音浪；而现在一切声音都没有了，只有一片寂静覆盖着田野、树林和沼泽。农场里的母鸡在孵窝，但却没有小鸡破壳而出。农夫们抱怨着他们无法再养猪了——新生的猪仔很小，小猪病后也只能活几天。苹果树花要开了，但在花丛中没有蜜蜂嗡嗡飞来，所以 苹果花没有得到授粉，也不会有果实。曾经一度是多么引人的小路两旁，现在排列着仿佛火灾浩 劫后的、焦黄的、枯萎的植物。被生命抛弃了的地方只有寂静一 片，甚至小溪也失去了生命；钓鱼的人不再来访问它，因为所有 的鱼已经死亡。在屋檐下的雨水管中，在房顶的瓦片之间，一种白色的粉粒还在露出稍许斑痕。在几星期之前，这些白色粉粒像雪花一样降落到屋顶、草坪、田地和小河上。不是魔法，也不是敌人的活动使这个受损害的世界的生命无法复生，而是人们自己使自己受害。

上述的这个城镇是虚设的，但在美国和世界其他地方都可以容易地找到上千个这种城镇的翻版。我知道并没有一个村庄经受过如我所描述的全部灾祸；但其中每一种灾难实际上已在某些地方发生，并且确实有许多村庄已经蒙受了大量的不幸。在人们的忽视中，一个狰狞的幽灵已向我们袭来，这个想象中的悲剧可能会很容易地变成一个我们大家都将知道的活生生的现实。

这是卡逊给我们描绘的一幅可怕的图景，然后她问道："是什么东西使得美国无以数计的城镇的春天之音沉寂下来了呢？"卡逊的答案是过量杀虫剂，特别是难以分解的 DDT 类杀虫剂的使用污染了土地，然后在食物链上循环、富集的结果。《寂静的春天》一问世公众反应强烈，也受到与之利害攸关的生产与经济部门的猛烈攻击。全面科学调查的结果证实了卡逊的看法。DDT 等长效、高残留杀虫剂被禁用，代之以速效、低残留制剂。问题有所缓解，但杀虫剂问题并未彻底解决。以至于人们今天在吃熟菜、水果时，农药残留是他们关心的一个问题。许多野生生物仍在遭受其他化学制剂的折磨。在 DDT 被禁用多年的今天，科学家在南极的冰川中居然找到它的痕迹。

杀虫剂加上其他工业污染，有时会带来更为严重的后果。21 世纪第一个年头，我国媒体报道的一个热点是陕西华县的"癌症村"。据《华商报》报道，龙岭村民小组自 1974 年村上发现第一例食道癌患者至今，该村共死亡 55 人，其中 30 人死于癌症，其余人死于肺心病、脑血管病等，无一例自然死亡。全村人口从 154 人锐减至 77 人，癌病患者和死亡人数连年增多，且呈年轻化趋势。令村民们谈之色变的"癌"因何而来？

中国地质科学研究院地质研究所现代生态环境地质研究中心林

景星教授等专家委托环保志愿人士林易先生采集了该村饮用水、面粉、豆角、土壤、岩石等样品带回北京，运用高科技手段对这些代表性样品进行了分析研究，发现“癌症村”所产面粉含硒量低，并受到铅、砷、锌、铬四大剧毒元素污染，是致癌原因之一；豆角也受到严重污染，镉含量竟为标准值的5.3倍；而该村全部土壤均受污染，污染的主要剧毒元素是铅和砷；另外该村村民头发中砷的平均含量明显高于参照标准最低值。专家认为，龙岭村癌魔肆虐很可能是由于人为的地质活动，造成砷、铅和镉3种元素的迁移富集，污染了当地的生态环境而造成的。

土地不仅被污染，而且还遭受着荒漠化的折磨。荒漠化一般发生在干旱、半干旱地区。严重的干旱往往造成植被退化，风蚀加快，引起荒漠化。但是荒漠化往往与人为因素有关：过度放牧、乱砍滥伐、开垦草地并进行连续耕作等，由此造成植被破坏，地表裸露，加快风蚀或雨蚀。就全世界而言，过度放牧和不适当的旱作农业是干旱和半干旱地区发生荒漠化的主要原因。

自农业文明兴起以来，由于人类的过度垦殖，在许多地方已经发生过荒漠化危机（见前一章）。近一个世纪以来，由于人口的暴涨，人类更大规模地垦殖土地、砍伐森林、过度放牧，荒漠化问题成为全球性的严重问题。到20世纪90年代，荒漠化土地达到36亿公顷，占地球陆地面积的1/4，全世界1/6的人口（约9亿人）、100多个国家和地区受到影响。非洲36个国家受到干旱和荒漠化不同程度的影响，估计将近5000万公顷土地半退化或严重退化，占全大陆农业耕地和永久草原的1/3。荒漠化加上战乱，近年来非洲许多地方连年饥荒，背井离乡的饥民、瘦骨嶙峋的儿童，让人有惨不忍睹的感觉。亚洲也有8000万公顷土地受荒漠化影响，而且受影响的人口更加集中。南、北美洲及澳洲也有大量退化的土地。

我国是世界上荒漠化问题严重的国家之一。全国水土流失面积已达367万平方公里，并以每年1万平方公里的速度在增加；全国荒漠化土地面积已达262万平方公里，继续以每年2460平方公里的速度扩展。

我国草地退化严重，由于对草地的掠夺式开发，乱开滥垦、过度樵采和长期超载过牧，全国草地面积逐年缩小，草地质量逐渐下降。据内蒙古自治区畜牧厅统计，内蒙古草原现在一般超载牲畜30%。大量超载过牧加快了草原退化、沙化速度，造成草场质量下降。目前，内蒙古草原每年约有2000万亩草场发生不同程度退化、沙化，各类草地产草量比50年代下降30%—50%。目前我国中度退化程度以上的草地达1.3亿公顷，占草地总面积的1/3，并且每年还以2万平方公里的速度蔓延。

草原的退化使沙化土地增加，灾害天气频繁。目前全国共有沙化土地168.9万平方公里，占国土面积的17.6%，主要分布于北纬35度—50度之间，形成一条西起塔里木盆地，东至松嫩平原西部，东西长4500公里，南北宽约600公里的风沙带。这种情况导致我国沙尘暴肆虐。20世纪60年代特大沙尘暴在我国发生过8次，70年代发生过13次，80年代发生过14次，而90年代至今已发生过20多次，并且波及的范围愈来愈广，造成的损失愈来愈重。

第三节　可持续发展失落的后果之二：生态危机

工业文明以前人类活动对生态系统的局部性影响和破坏，表现为局部性生态系统的失调和个别物种的危机。工业文明带来的负面后果，人类不是没有看到，也不是没有采取任何补救措施。问题的关键是，造成可持续发展失落的根源是工业文明的知识—机器—市场机制没有得到应有的反省，更不要说对它进行改造了。所以，随着工业文明走向全球化，可持续发展也伴随着走向深度的失落。大气、水、土壤、森林是构成生态的四大基本要素，它们的微小变化都会对整个生态系统产生深远的影响。随着市场的扩张，机器技术的发展，人类“征服自然，改造自然”的程度也就深入到了这四大要素，整个生态发生了根本性的裂变，危机来临。

千万年来，大气、水、土壤、森林这四大要素基本上是稳定的。这不是说它们没有任何变化，而是说它们的变化都是在自然的范围之内，并不危及整个生态系统的自身平衡。工业化之前，人类活动也会影响到生态圈，但人们对大气、水、土壤、森林的整体影响微乎其微。虽然人类活动也使局部生态环境发生变化，但是地球生态系统仍然保持自然的平衡。万物在阳光的哺育下，接受空气和水的滋润。植物生长在大地上，不断进行着光合作用，控制着二氧化碳在大气中的浓度。动物出没于丛林之中，弱肉强食，与海洋生物、微生物一起构成着生物链。人类不过是这生物链上的一个环节。但是，工业革命改变了一切。工业革命使人类变了。人类的生产力不再是农业文明下男耕女织的水平了。人类决心不再看自然的脸色行事，而是要去“征服自然，改造自然”。

工业革命使人类看起来似乎是强大了。他们以煤炭、石油等矿物燃料的燃烧提供了在农业时代人力、畜力等自然力所没有的巨大驱动力，用各种复杂的机器干预自然过程，合成制造了地球上从未有过的人造物。人类享用的物质资料多了，人生活得便利、舒适了，寿命也延长了。那么，人真的征服自然了吗？人真的掌握了自己的命运了吗？看看工业文明带来的生态后果，你也许会对是否给予这个问题以肯定答案犹疑不决。人类活动对大自然的深度干预，不仅影响了局部的生态环境，而且使大气、水、土壤、森林这四个生态要素发生了重大变化，从而威胁了包括人在内的整个地球生态系统。

小小的珊瑚你也许没有看见过，但在电视等各种媒体上，你一定领略过它们的风采。珊瑚，有些通体洁白，错落堆砌，有如嶙峋的山峰；有些则色彩斑斓，婀娜多姿。然而，更多的珊瑚是没有被我们看到，或者说是没有被我们注意到的。它们组成珊瑚礁，形成海洋中的珊瑚岛，或者成为构成大陆沿海堤岸的柱石，保护着我们的家园。珊瑚本身是具有多种用途的原材料，珊瑚岛、礁及其周围是物种繁盛的生态系统，人类在许多珊瑚岛上定居。当我们欣赏着珊瑚美丽的身姿，享用着珊瑚带给我们的种种便利的时候，也许大多数人没有意识到，这种可爱的东西正面临着巨大的威胁。

原来，珊瑚并不仅仅是一种简单的岩石，它是一种生命和生命留下的遗迹。珊瑚是一种微小的动物，它们成群地聚集在一起，吸收海洋中的营养物质，繁衍生息。当它们生命结束的时候，构成它们身体的矿物质沉淀、凝聚，成为岩石状形态各异的珊瑚树。它们的后代则在珊瑚树的枝头周围继续繁衍，最终成为珊瑚礁。

珊瑚面临的威胁是珊瑚的白化。珊瑚的生命活力来自珊瑚体内的一种单细胞藻类——黄藻。珊瑚的斑斓色彩正是由于黄藻的缘故。黄藻也是一种生物，它与珊瑚形成奇妙的共生关系。黄藻在珊瑚体内生长，通过光合作用为珊瑚虫提供养分，是珊瑚骨骼生长的动力。当珊瑚面临危险时，它会将黄藻抛出体外，变成白色甚至是透明的。如果黄藻不再回来，珊瑚就会死去。这就是珊瑚的白化。20 世纪 30 年代，人们在澳大利亚大堡礁附近首次发现白化的珊瑚。海洋生物学家认为，珊瑚的白化是与厄尔尼诺及其带来的局部海洋气温的变化有关的一种局部现象。从 70 年代起，白化珊瑚越来越多地被发现。到了 1979—1990 年 12 年间，发现了 60 起珊瑚白化病例。而在此前的 103 年中，仅证实有过三起。到 1998 年，问题更为严重，世界各地发现大量珊瑚白化现象。人们终于想到，珊瑚的白化不是珊瑚生长的特殊情况引起的，而是与全球性的环境因素有关。今天我们已经清楚，珊瑚的白化与温室效应带来的海洋温度升高有直接关系。珊瑚是一种对温度极为敏感的生物，只能在摄氏 18—30 度的水温中生存。如果夏天海水温度比常年偏高 1 度，大部分的珊瑚就会白化。

工业化之前，地球生态系统的气温的变化基本上是稳定的。但是，自工业革命以来，全球气温不断升高。1860—1994 年，全球平均气温增加了 0.3—0.6 度。特别是 20 世纪 90 年代以来，情况继续恶化，预计未来气温将增加 1.5—6.0 度。正是气温的升高，使海洋水温偏高，导致大量珊瑚白化。后面还要谈到，大气的温度在一个相当长的时间内还将继续升高，这就意味着，珊瑚将会大规模地死去，珊瑚礁会相继消失。

根据一些专家估计，珊瑚礁的消失，将使拥有大量珊瑚礁、岛的国家面临巨大损失。虽然，在短时间内，珊瑚不会灭绝。但只要全球变暖的趋势得不到有效遏制，至少在500年内，珊瑚礁的命运是危险的。这一变化导致的经济损失将高达数万亿美元，世界将会有几亿人口受到影响。但是，影响更为深远的恐怕还不是经济损失，而是整个海洋生态系统将会面临威胁。珊瑚礁在海洋中的地位类似于陆地上的森林。许许多多的海洋生物游弋、栖息在珊瑚礁丛中。地球上主要生物的代表，从原始藻类到细菌、无脊椎动物、爬行动物和鱼类，都可以在珊瑚礁附近发现。珊瑚礁为众多的生物提供了一个理想的生存场所。珊瑚礁的消失，不仅是珊瑚本身灭绝的危险，而且是与珊瑚密切相关的一个丰富的生态系统面临危险。整个海洋生态系统又是相互影响的，这样，整个海洋生态体系也都面临着威胁。

从珊瑚的命运中，不知道你是否意识到了什么，最明显的是从以珊瑚礁为基础构成的生态圈，到整个海洋生态体系都受到了威胁。珊瑚礁的白化及其对海洋生态体系的威胁正是生态深度裂变的反映。珊瑚白化的原因是大气温度自近代以来的持续升高，而引起这一变化的则是工业文明带来的温室效应。迄今为止的工业文明以煤炭、石油等矿物燃料作为主要动力来源。这些矿物燃料燃烧释放大量的二氧化碳。结果，自工业化时代以来，大气中二氧化碳的浓度从百万分之280，增加到今天的百万分之367（这一后果的2/3源自矿物燃料的燃烧，剩余部分则是由于森林的减少）。

这些二氧化碳漂浮在大气中，形成一道屏障，阻挡着地球从太阳那里获取的热量散发出去。这就像一个玻璃温室或塑料大棚，阳光通过玻璃或塑料薄膜照射进去，然后玻璃或塑料薄膜又阻挡着阳光产生的热量散发出去，造成一个局部高温的环境，使得蔬菜、花卉得以在冬季生长。由此，人们可以品尝新鲜的反季节瓜果，可以在肃杀的冬季欣赏到春夏的鲜花。二氧化碳造成地球大气温室效应的原理与玻璃温室的原理是一致的。但前者的后果却远没有后者美妙。因为，地球的温室效应带来的是整个地球大气气候模式的变化。虽然只有1度左右平均气温的升高，整个气候却越来越反常。严冬越来越少（暖冬现象），酷暑越来越多。这就是珊瑚白化的深层次的原因。更为严重的是，温室效应的影响远不止珊瑚礁和珊瑚礁所代表的生态体系。温室效应由于影响了整个地球的气候模式，它给整个生态圈带来深远而复杂的影响。这些影响目前我们恐怕还不能完全说清楚。但以下两个方面的影响是已经发生或正在发生。

首先一个方面是冰山、冰川的融化。温室效应带来大气温度的升高，使北极、南极大量的冰川、冰山融化。科学家已经观察到南极冰原在退缩。这种趋势继续发展下去，将导致整个海平面升高。其直接的后果是一些群岛、岛屿被淹没。不仅岛上的居民无法存身，而且岛屿上的生态系统也将遭到彻底破坏。沿海的一些城市和村镇也将没入海中或经常遭受海啸的洗礼。海平面升高，还会使海水倒灌一些江河，侵占一些水生物的栖息地。欧洲的鲑鱼、鲟鱼将无处存身。

许多大陆内部高原上的冰川也会像南、北两极的冰山一样缩小。这对许多生态系统来说是一个巨大的威胁。我国甘肃的河西走廊，几乎是由沙石构成的戈壁滩。那里很少下雨，许多地方连草都不生。但是在戈壁的荒滩中，却有张掖、酒泉、敦煌这样一串绿洲。这些地方植物茂密，物产丰饶。赋予这些绿洲生命力的水，就是来源于祁连山冰川上的冰雪。而由于温室效应带来的气候的变化，冰川在减缩，冰雪水在减少。我们不禁会担忧，滋润这些绿洲的水资源会不会枯竭。

温室效应的另一个严重后果是导致气候异常变化，灾害性天气显著增加。由于气温的上升，夏季酷暑明显增多，暖冬现象经常发生。更为严重的是，温室效应导致降水模式发生变化。降雨越来越趋向于集中，在时间上，集中在夏秋雨季，在地域上，集中于传统上的多雨地区。另一方面，那些干旱地区，降水进一步减少，干旱持续的时间更长。降水的集中，使洪水频繁暴发。近年来，我国江、淮、珠江、松花江等流域屡发洪水，洪水水位屡创历史新高，这与温室效应不无关系。洪水的危害自不必说了。在山区，集中的猛烈的降雨导致泥石流，山体滑坡；夹杂着石块、沙砾的泥浆具有巨大的破坏力。它们不仅冲毁了铁路、公路，危及人类的生活，而且冲毁森林，覆盖草地、农田，给生态环境造成巨大破坏。

干旱，则使淡水缺乏成为世界性问题。水是生命之源，没有水，所有的生物都无法生存。在中东地区，水资源甚至成为国家间的政治问题，争夺淡水是以色列人与阿拉伯人冲突的诱因之一。在各大洲的内陆地区，由于水的缺乏，植物难以生长，森林、草场退化，风沙肆虐，荒漠化日渐严重，使这些地区本来就比较脆弱的生态系统遭到进一步的破坏。这种情况也正在我国华北北部、西北西部发生着。在某些地方，连饮用水都难以保障，昔日的草场、绿地，变成人和各种生物都不宜生存的地方。

温室效应只是工业文明改变大气环境，威胁生态平衡的一个方面。臭氧层的破坏则是一个更为严重的问题。20 世纪 30 年代，人类发明了电冰箱，之后，空调等一系列制冷设备相继出现。人类的生活因此而更加方便、舒适。人们可以享用冷冻保鲜食品，可以在酷暑中拥有一室清凉。但是，一个恶魔却在我们的享受中，从那些使用着和废弃了的制冷设备中悄悄逸出，并逐渐显现其恶魔本性。这个恶魔就是氟利昂——广泛应用于各种制冷设备中的制冷剂。

氟利昂经常从制冷设备中逸出，在空气中飘荡，上升到大气层的外端，在那里它们与地球生态的保护膜——臭氧层相遇。氟利昂不断地与臭氧进行化合反应，使大气中臭氧的含量逐步下降。终于，这个恶魔撕裂了生态的这个保护膜。1982 年，人类首次在南极上空发现了一个臭氧洞。这一发现震惊了科学家，震惊了政客，震惊了全世界。这一震惊不是由于这是什么了不起的重大发现，而是来自于对这一发现的现象可能引起的可怕后果。出于对这种可怕后果的警觉，人类第一次在全球范围内实现了协调一致的行动。1985 年，各国政府签署了《保护臭氧层维也纳公约》。各签署国承诺，发达国家至迟 1997 年，发展中国家至 2000 年停止生产使用氟利昂的制冷设备。

要知道，世界各国政府除了在一些原则口号性的文件有过一些虚假承诺外，几乎没有在任何具体事物上达成完全一致。因为越是在具体事物上，利益差别越大，越难以达成一致。二氧化碳的排放就是一个例子，各国都不愿意大幅度减少自己的二氧化碳的排放量，因为这会影响他们的经济利益。而这一次，面对一个臭氧洞，人类却在他们生产的一种产品上达成了一致。这实际上意味着人类意识到了他们面临的巨大威胁（二氧化碳排放带来的温室效应也是巨大的威胁，但它看起来是慢性的，所以各国政府还在为自己的利益而争吵）。这个威胁就是，没有了臭氧层保护膜之后太阳对生命的伤害。

万物生长靠太阳，地球上所有生命活动所需的能量最终是来自于太阳的。太阳以光辐射的方式将它通过氢核聚变产生的巨大能量传导到地球。组成太阳光辐射的成分是很复杂的，既有可见光，又有不可见光。太阳对生命的伤害就来自一种不可见光——紫外线。绝大多数生命形式经受不住紫外线长时期的直接照射（所以许多需要灭菌的场所使用紫外线灯来杀死细菌）。那么，为什么地球上的生命在阳光下生机盎然，没有被杀死呢？这是因为大气外缘那层臭氧形成的保护膜，它过滤掉了大部分的紫外线，生命因此不会受到太阳的伤害。一旦没有了臭氧层，太阳就会由生命的依靠，变为生命的杀手。没有臭氧层，人的皮肤会受到紫外线的伤害，皮肤癌患者将会大量增加。更为严重的是，强烈的紫外线能够伤及人的神经系统，导致人的死亡。

也许有人会想，可以发明护肤品或保护罩将自己防护起来。这在臭氧层受到轻微破坏时，也许是一种有效的办法。但如果臭氧层严重受损，人类将防不胜防。更为关键的问题是，人之外的其他生物并不会这样保护自己，它们会在强烈的紫外线下枯萎、死亡。没有了生物圈中的其他伙伴人类能生存吗？这绝不是危言耸听，想一想生命的进化历程，这一点是不难理解的。在原始大气中是没有臭氧层的。这是因为大量的氧是以二氧化碳的形态存在的。原始生命最初是在水中产生、进化的。生命在水中能够逃避紫外线的杀伤。当海洋中大量的藻类植物分解了大量的二氧化碳，有了足够的氧气之后，形成了臭氧层，生命才开始大规模地登上陆地。请想象一下，没有了臭氧层，现代生物圈中的生物会受到什么样的影响。

臭氧层被大量损耗后，吸收紫外辐射的能力大大减弱，导致到达地球表面的紫外线明显增加，给人类健康和生态环境带来多方面的危害，目前已受到人们普遍关注的主要有对人体健康、陆生植物、水生生态系统、生物化学循环、材料以及对流层大气组成和空气质量等方面的影响。

紫外线 UV－B 段的增加能明显地诱发人类常患的三种皮肤疾病。这三种皮肤疾病中，巴塞尔皮肤瘤和鳞状皮肤瘤是非恶性的。利用动物实验和人类流行病学的数据资料得到的最新的研究结果显示，若臭氧浓度下降 10%，非恶性皮肤瘤的发病率将会增加 26%。另外的一种恶性黑瘤是非常危险的皮肤病，科学研究也揭示了 UV－B 段紫外线与恶性黑瘤发病率的内在联系，这种危害对浅肤色的人群特别是儿童期尤其严重。紫外线会损伤角膜和眼晶体，如引起白内障、眼球晶体变形等。据分析，平流层臭氧减少 1%，全球白内障的发病率将增加 0.6%—0.8%，全世界由于白内障而引起失明的人数将增加 1 万—1.5 万人；如果不对紫外线的增加采取措施，从现在到 2075 年，UV－B 辐射的增加将导致大约 1800 万例白内障病例的发生。已有研究表明，长期暴露于强紫外线的辐射下，会导致细胞内的 DNA 改变，人体免疫系统的机能减退，人体抵抗疾病的能力下降。这将使许多发展中国家本来就不好的健康状况更加恶化，大量疾病的发病率和严重程度都会增加，尤其是包括麻疹、水痘、疱疹等病毒性疾病，疟疾等通过皮肤传染的寄生虫病、肺结核和麻风病等细菌感染以及真菌感染疾病等。

臭氧层损耗对植物的危害的机制目前尚不如其对人体健康的影响清楚，但研究表明，在已经研究过的植物品种中，超过 50% 的植物有来自 UV－B 的负影响，比如豆类、瓜类等作物，另外某些作物如土豆、番茄、甜菜等的质量将会下降；另外 UV－B 带来一些间接影响，例如植物形态的改变，植物各部位生物质的分配，各发育阶段的时间及二级新陈代谢等可能跟 UV－B 造成的破坏作用同样大，甚至更为严重。这些对植物的竞争平衡、食草动物、植物致病菌和生物地球化学循环等都有潜在影响。这方面的研究工作尚处起步阶段。

世界上 30% 以上的动物蛋白质来自海洋，满足人类的各种需求。因此很有必要知道紫外辐射增加后对水生生态系统生产力的影响。研究人员已经测定了南极地区 UV－B 辐射及其穿透水体的量的增加，有足够证据证实天然浮游植物群落与臭氧的变化直接相关。对臭氧洞范围内和臭氧洞以外地区的浮游植物生产力进行比较的结果表明，浮游植物生产力下降与臭氧减少造成的 UV－B 辐射增加直接有关。一项研究表明在冰川边缘地区的生产力下降了 6%—12%。由于浮游生物是海洋食物链的基础，浮游生物种类和数量的减少还会影响鱼类和贝类生物的产量。据另一项科学研究的结果，如果平流层臭氧减少 25%，浮游生物的初级生产力将下降 10%，这将导致水面附近的生物减少 35%。海洋浮游植物的吸收大气中大量的二氧化碳，它们对未来大气中二氧化碳浓度的变化趋势起着决定性的作用。可以说，海洋浮游生物的减少将导致温室效应的加剧。研究发现阳光中的 UV－B 辐射对鱼、虾、蟹、两栖动物和其他动物的早期发育阶段都有危害作用。最严重的影响是繁殖力下降和幼体发育不全。

另外，因平流层臭氧损耗导致阳光紫外线辐射的增加会加速建筑、喷涂、包装及电线电缆等所用材料，尤其是高分子材料的降解和老化变质。特别是在高温和阳光充足的热带地区，这种破坏作用更为严重。由于这一破坏作用造成的损失估计全球每年达到数十亿美元。

也许，你还会说，臭氧洞只是在南极上空，不会对地球上绝大多数地方构成威胁。是的，就目前而言，问题还不是十分严重。但是尽管人类采取了行动，到目前为止，问题却在朝着恶化方向发展。到目前为止，人们发现出现臭氧洞的地方在增加。先是在北极也发现了臭氧洞，后来在智利、阿根廷南部、加拿大、格陵兰北部，以及我国的青藏高原上空，都发现了臭氧洞。威胁正在向我们走近。

从农业时代人类建立起人类亚生态体系以来，人类与自然生态体系的矛盾就日渐突出。这个矛盾主要表现在两个方面。第一个方面，也是最根本的方面，人类亚生态体系的建立是对自然生态体系的挤压，人类生态体系越是扩张，自然生态体系就越是萎缩。第二个方面，人类亚生态体系不是一个自足的体系，它从周围环境中获取能源和其他物质资料。农业社会由于技术水平和人口数量的限制，这两个方面的矛盾只在有限的范围内表现出来。工业文明则使这两个矛盾前所未有地突出出来。

由于驾驭了巨大的自然力量，人类几乎可以在地球上的任何环境下生存。人类活动遍及五大洲的各个角落，几乎已经不存在不受人类活动侵扰的自然生态体系。同时，机器时代人类更加大规模地向自然索取物质资源。这不仅是对各种矿物资源地开采，而且包括对生态资源的大规模利用。这种利用，已经不是简单地狩猎、采集（原始社会采集食物，农业社会采集天然药物），而是对木材、纤维、橡胶、造纸原料和海洋渔业等大规模的需要。其中，对森林的大规模开采对生态环境有着根本性的影响。

在人类诞生初期，地球陆地上 2/3 的地方覆盖着森林，总面积达 76 亿公顷。自人类步入农业文明时代以来，人类就开始砍伐森林。不过在工业化之前，森林减少的速度还很缓慢。到 19 世纪中期，地球上还保留有 56 亿公顷的森林。此后，人类砍伐森林速度明显加快。近200年来，人类破坏了地球上1/3的森林。特别是第二次世界大战之后，为了战后的重建和经济发展，各国开始大规模有计划地开采森林资源。热带木材采伐呈现高潮。那时，欧洲控制着几乎非洲及亚洲的全部热带森林，而美国则控制着太平洋领地及菲律宾的林木开采。

地球上的热带森林，是最重要的生态系统，一度有近30亿公顷；而今，最多只有9亿公顷。1977年联合计划署委托联合国粮农组织（FAO）进行一次全球调查，1980年公布调查结果：全世界热带森林面积近些年平均每年减少1130万公顷，80%的毁林由农业活动引起。

森林是地球的肺。大约四亿年前，一些海洋植物登陆，逐步产生了陆上森林。在阳光照射下，森林吸收二氧化碳，释放出氧气，森林每年能吸收上千亿吨的二氧化碳，大气中60%的氧气来自森林。动物则吸进氧气，呼出二氧化碳。动植物之间正好是一种互补关系。在生长季节，1公顷森林能吸收近1吨二氧化碳，可满足900多人对氧气的需要。森林调节着整个大气中二氧化碳与氧气的比例，维系着生态圈中能量的循环。更为重要的是，森林调节着大气环境，森林的减少使大气中二氧化碳浓度的上升，这是导致温室效应的重要原因之一。

森林与其他绿色植物在阳光下进行光合作用，太阳能转化为生物能，绿色植物成为食物链的开端。森林是陆地上最重要的生态体系。按照森林分布的地带性差异，可划分为寒温带针叶林、温带针叶与落叶阔叶林、亚热带常绿阔叶林、热带季雨林、热带雨林等类型。每一种类型的森林都是一个丰富的生态体系。科学家估计，地球上约有1400万种生物，其中半数以上生活在热带雨林中。由于森林的砍伐，特别是热带雨林的毁灭，使许多物种灭绝和濒于灭绝。成了国宝的大熊猫生活在自然保护区中，整个种群的数量不足300只，维持它们的繁衍生殖已经是很困难了；野生状态中的华南虎难得一见；滇金丝猴由于它们栖身的丛林遭到砍伐而陷入绝境；

长江中的白鳍豚除了一头被捕获的可怜的家伙在研究所中奄奄一息外，没有再发现它们的踪迹。这些大家在媒体上看到的触目惊心的景象只不过是冰山一角。

热带雨林是物种最丰富的生态体系。热带森林中物种的数量占地球物种总量的50%以上。最大规模的物种灭绝发生在热带森林。按照每年砍伐1700万公顷的速度，在今后20年内，物种极其丰富的热带森林可能要毁在当代人手里，大约5%—10%的热带森林物种可能面临灭绝，其中包括许多人们尚未调查和命名的物种。

北温带地区，森林覆盖率没有很大变化，这不是由于人们没有对原始森林进行砍伐，而是砍伐后原始森林被次生林和人工林代替，许多物种濒临灭绝。在人工林中，多样性的植物被单一的乔木取代，不仅使植物的多样性受到影响，也使许多动物失去了食物来源和栖身之地。如我国东北林区，砍伐后的林地又种上了新苗，长成了林子。但是小动物栖身和觅食的灌木丛没有了，这些小动物也就消失了，大型食肉动物也难以为生。

人类对自然资源的过度开发导致动植物赖以生存的栖息地逐渐恶化、减少和消失。淡水资源不断受到污染和减少，有“物种之家”称号的森林以每年10万平方公里的速度消失。总体来看，大陆上66%的陆生脊椎动物已成为濒危物种和渐危物种。海洋和淡水生态系统中的生物多样性也在不断丧失和严重退化，其中受到最严重冲击的是处于相对封闭环境中的淡水生态系统。同样，历史上受到灭绝威胁最大的是另一些处于封闭环境岛屿上的物种，岛屿上大约有74%的鸟类和哺乳动物灭绝了。目前岛屿上的物种依然处于高度濒危状态。在未来的几十年中，物种灭绝情况大多发生在岛屿和热带森林系统。

从人类步入文明社会以来，当前地球上生物多样性损失的速度一直在加快。自从地球上存在生命以来，已经有千百万种植物和动物灭绝或消亡，有些灭亡属于自然演化过程。但是，在过去的300年中，由于栖所毁坏、环境污染以及狩猎、收集物种等原因，物种灭绝速度人为地提高了1000多倍。很难精确地推算出物种消亡得有多快，但据某种估计，每天有100种或每15分钟有一种物种从地球上永远消失了。在今后的20年里，如果我们还不行动起来阻止人为地对自然的侵害，可能有100万种物种处于灭亡的威胁中。自1600年以来，大约有113种鸟类和83种哺乳动物已经消失。在1850年到1950年间，鸟类和哺乳动物的灭绝速度平均每年一种。植物灭绝更为严重，20世纪90年代初，联合国环境规划署首次评估生物多样性的一个结论是：在可以预见的未来，5%—20%的动植物种群可能受到灭绝的威胁。如果目前的灭绝趋势继续下去，在未来岁月中，地球上每10年大约会有5%—10%的物种消失。美国一些环保组织最近联合发出警告，按照目前的趋势发展下去，地球上将有一半的植物和动物物种有可能在50年之内消失。

多样性的生物存在对人类来说具有难以估量的巨大价值。首先，生物多样性具有生态价值。人类是和这些生物在进化道路上相伴随着诞生的。它们之间存在着千丝万缕、割不断的联系。人和各种生物在地球环境中构成了生态体系。在这个生态体系中存在着复杂的物质、能量交换，水、炭、氧、氮、磷等物质在生物体之间，在生物体与大气、水、土等自然环境之间不断地循环，构成了这个地球上生生不息的生态图景。每一种生物都是这个生态图景中物质、能量交换的一个环节。我们当然不能说某一个物种的灭绝就会给整个生态体系带来灭顶之灾，如果那样的话，我们这个生态体系可能早就不存在了。但是，每一个物种的灭绝甚至是种群的变化都会对特定的生态体系造成或大或小的影响。如果短时期内有大量物种灭绝，那对这个生态圈、对人产生什么样的影响是不可估量的。

其次，多样性的物种是人们重要的食物来源。人类在原始时代实际上就是弱肉强食的自然生态链上的一环，他们直接以其他物种为食。人类是杂食性动物，从植物到动物，从昆虫到飞鸟，从果实到块茎都能被人的肠胃消化。畜牧、农耕社会建立以后，人类建立了一个围绕人类的亚生态体系。在这个体系中的作物、牲畜也来自于自然生态体系。直到现在，几乎每一种作物或牲畜都有对应的野生形态。人类从野生的和驯化的生物物种中，得到了几乎全部食物。就食物而言，据统计，地球上大约有7万—8万种植物可以食用，其中可供大规模栽培的约有150多种，迄今被人类广泛利用的只有20多种，却已占世界粮食总产量的90%。驯化的动植物物种基本上构成了世界农业生产的基础。在35万种植物中，与人类生活息息相关的粮食、蔬菜、果木等栽培植物约有600多种。其中有136种被我们的祖先驯化。

科学家认为，自然界还有许多尚未开发利用的潜在食物资源。全世界估计有8万余种陆生植物，但仅有150余种被大面积种植。世界上90%的食物来自约20个物种，目前人类所需营养的70%来自玉米、小麦、稻米、土豆、大麦、甘薯和木薯7个物种，其中前3个占70%以上。世界人口在未来的几十年里仍将以爆炸的速度增长，解决新增人口的粮食问题的希望也许在未被驯化的多样性的野生生物那里。一方面，野生生物将是未来直接的食物来源，这还不是说现代都市人吃野菜的时髦，而是说像海洋中的藻类那样的野生植物会是我们的重要食物。而且现在，野生生物也是我们重要的食物来源；渔业，每年向全世界提供了上亿吨的食物，这些鱼、鳖、虾、蟹主要是野生物种。实际上，野生物种在全世界大部分地区仍是人们膳食的重要组成部分。

另一方面，野生食物对于我们改良现有农作物起着巨大的作用。优良品种的培育需要多样性的基因组合，而这种多样性的基因有时需要从野生物种那里取得。我国科学家培育的高产、抗病虫害的“超级水稻”，部分基因就来自偶然发现的一株野生稻。20世纪50年代，大豆孢囊线虫病席卷美国，大豆生产濒临绝境。后来，美国科学家得到了中国野生大豆，利用它培育出了抗病的大豆品种，美国大豆生产才绝处逢生。生物育种学家们已经培育出了许多优良的品种，但还不断需要在野生物种中寻找基因，用于改良和培育新的品种，提高和恢复它们的活力。杂交育种者和农民同样依靠作物和牲畜的多样性，以增加产量和适应不断变化的环境。

多样性的物种还是人类药品的来源。许多动物都有一种本能，当它们受伤或有病时找一些植物自己治疗，人类是这方面的佼佼者。按照我国古代传说，神农氏（有人说就是炎帝）亲自品尝各种植物，了解它们的药性，开创了中医药的时代。传说总是带有传奇性质，人们对各种物种药性的理解不是哪一个人，甚至哪一代人能够完成的。人类是经历了千百年的尝试，才有了像中医这样完备的利用物种资源治疗疾病的体系。

近代化学制药业产生前，差不多所有的药品都来自动植物，今天直接以生物为原料的药物仍保持着重要的地位。在发展中国家，以动植物为主的传统医药仍是80%人口（超过30亿人）维持基本健康的基础。至于现代药品，在美国，所有处方中1/4的药品含有取自植物的有效成分，超过3000种抗生素都源于微生物。在美国，所有20种最畅销的药品中都含有从植物、微生物和动物中提取的化合物。实际上，除了中国人外，欧洲人、非洲人、印第安人都在其各自漫长的历史中利用野生物种资源治病。现在，中医药物学更加完备，开始利用现代技术从野生物种中提取有效制剂。西医更是与各学科联手，大规模从野生资源中获取治病的有效成分。据研究，由2.9万种植物得到的1万种提取物中，约有3000种显示对癌症有抑制作用。热带森林中的粗榧、美登木、嘉兰木等植物都可以提取抗癌药物。还有不少野生植物提取的药物，已证明对艾滋病有效。

物种的多样性不仅仅对人类生存具有直接价值，而且还有间接的，甚至还可以说是独立的价值。每一个物种都是地球生态圈中生命链条上的一环。任何一环的缺失都会对局部乃至整个生态环境产生或大或小的影响。大规模物种的灭绝必然使整个生物圈受到致命的威胁。

大气、大地、水、物种，可以说是生态圈的全部，而今它们每一个都受到严重的威胁。这就是人类征服自然、改造自然的后果。知识、机器、市场，工业文明和人类无尽的欲望，到了该被反省的时候了。

第四章　生态家园：工业文明的反思

第一节　生态意识的回归与生态运动的兴起

15、16世纪欧洲的文艺复兴和宗教改革，冲破了中世纪宗教神学的精神桎梏，人文主义得以张扬。地理大发现拓宽了人类的视野，进一步引发观念的革新。16、17世纪近代科学的诞生，促成工业革命的兴起。西方世界由此迎来资本主义时代，人类社会随之迈入工业文明阶段，人与自然的关系也发生重大变迁。面对生态环境的变化，人们不可能无动于衷。只是在工业文明的前期，生态还没有发生深度裂变，生态环境问题被工业文明的繁荣和其他社会问题所掩盖。人是万物的主人的观念，和工业社会以来极端人类中心主义的世界观也阻碍了关于生态环境问题的整体反省。人们总是以为，生态环境问题是发展中的问题，未来的进一步发展总是能够解决先前的所有问题。人类确实能够在发展中解决他们所遭遇的问题。前提是我们必须清楚所面对的现实状况已由局部的环境污染恶化为全球生态危机，化解这场危机需要人类的勇气和智慧。

工业社会早期，就有一些经济学家提出“外部不经济性”问题。即，企业在考虑经营成本时，不把环境问题包括在内，从而将环境问题造成的危害和负担转嫁给社会。如企业在生产经营时将废气排入空中，废渣大量堆弃在地面上，这样做的后果或是增高了赋税和公用开支，或是破坏了舒适的环境。这个问题在当时并没有引起足够的重视。甚至在目前，许多国家的许多企业仍然以早期的工业传统作为正常成本分析的基础，对环境问题漠然视之。

18世纪以来的200年间，工业文明启动的工具理性为人类锻造出锐利的征服自然之剑，也消耗了巨额的自然资源。以水为例，公元前一人一天消耗12升水，到中世纪，增加到20—40升水，18世纪，又增加到60升。目前在发达国家的大城市中，人均日用水量达500升。物质生产活动也需要充足的水源。生产一吨钢需水20—40吨，一吨化学纤维需水1200—1800吨，一吨合成橡胶需水27500吨。全世界的灌溉用水量，每年在12000亿—13000亿立方米之间。因此，水资源、尤其是淡水资源的保护及合理开发、利用，已成为人类紧迫的课题。在能源方面，人类刚刚开始烹饪食物和饲养家畜的时代，每人每天的能量消耗为100多千卡，而到了20世纪70年代中期，在美国这样的发达国家，每人每天的能量消耗已超过20万千卡。世界石油资源总量约13500亿—21000亿桶，已经开采出6000亿—7000亿桶，也即耗费全部储量的1/3。地球上种种资源正在被急剧消耗，我们还可以罗列许许多多事实。但也正如戈尔所说："我们的文明实际上对消耗地球上了瘾。"这里所说的"我们的文明"，便是工具理性极度发展，而价值理性却未能及时跟上的现代工业文明。如果以人均耗费能量作为人类征服自然能力的标志，下列数据是富于典型意义的《大英科技百科全书》所载，人类发展的各个历史阶段每人每天的能量消耗（以千卡计）分别为：原始人时期：2000；渔猎社会：5000；原始农业社会：12000；高度农业社会：26000；工业社会：77000；后期工业社会：230000。这就是说，现代人的人均能源消费为原始人的115倍。如果将自原始人时期到现代世界人口数千倍的增长计算进来，那么现代世界每天的能量消费则为原始人时期的数十万倍，其中绝大多数消费来自不可再生能源。

由于问题没有得到足够的重视，在工业集中的区域，环境日渐恶化。城市是环境恶化的典型。空气污浊，废弃物成堆，污水充斥于河流，嘈杂的噪音使人们发狂。人类的生活环境日趋恶化。结果城市成为传染病流行的地区。在相当长的时期内，城市人口的人均寿命低于乡村人口的人均寿命。都市的人开始向往乡村和原野。人们在假日和周末涌向丛林、海滨，寻找久违了的大自然。有钱人干脆从城市的中心迁往郊外居住。与自然亲近、交融的本性开始在人们的意识中复苏。19 世纪美国诗人、哲学家亨利·梭罗就成了一个自然主义者。梭罗毕业于哈佛大学，1845 年，28 岁的他来到丛林中，在瓦尔登湖畔建立一个木屋，自耕自食，并用他那富有灵性的笔调描写了瓦尔登湖附近丛林中人类的野生伙伴的生活和他本人与自然亲近的心灵感受：

人们自诩他们懂得不少
看，他们有了翅膀
技术，还有科学
千百种的技巧
其实只有吹拂的风
才是他们全部的知觉

到了 20 世纪，工业的全球化扩展使人们对自然的向往进一步变成了对自然破坏的忧思。美国环境保护的先驱奥尔多·利奥波德在 20 世纪上半期，提出了土地伦理。他以富于感情的观察，敏锐的思考和优美的文笔，呼吁人们改变观念，关注并爱护人类赖以生存的大地："艺术和文学、伦理学和宗教、法律和民俗，都依然要么把土地上的野生的东西看作敌人，要么是食物，要么就是'因为好看'而被保存下来的洋娃娃。这种土地观是我们从亚伯拉罕时就固有的，而他认为土地就是由牛奶和蜜糖制成的看法是更缺乏根据的，况且对我们说来，这种观点已经过时了。我们的看法之所以缺乏根据，并不是因为土地可以溜掉，而是在我们知道抱着热爱和尊敬的态度去使用土地时，我们已经毁了土地。在人类仍然扮演着征服者的角色，他的土地仍然处于奴隶和仆人的地位的时候，保护主义便只是一种痴心妄想。只有当人们在一个土壤、水、植物和动物都同为一员的共同体中，承担起一个公民角色的时候，保护主义才能成为可能；在这个共同体中，每个成员都相互依赖，每个成员都有资格占据阳光下的一个位置。”

观念的改变是艰难的。人自从有模糊的自我意识开始，就倾向于把自己当成世界的中心。在《圣经·旧约》中，人类已经把自己想象成被上帝授权的伊甸园的管理者。几乎各个民族都有人是万物之灵的想法。这种想法到了近代即开始演化为一种极端的人类中心主义。这种看法认为，世界上的万事万物都是为人准备的，人类为了自己的福祉可以随意处置一切自然物。人类强大了，人类利用强大的自然力量去改造自然，但是人类并不能控制他们改造的自然的一切后果。在许多情况下，后果都可以用灾难性来形容。

早在工业文明诞生前夕，有人就对污染问题提出过批评。1661年，英国人伊夫林撰写了《驱除烟气》一书，上呈英王查理二世，指出燃烧煤炭的危害，并提出若干防治的对策。工业文明来临后，人们的这类思考随之加深。1847 年，英国植物学家弗拉斯在《各个时代的气候和植物界》一书中指出，人类的活动影响到植物和气候的变化。1864 年，美国学者马什出版《人和自然》，论述了人类活动对森林、江河、土壤和野生动植物的破坏性影响，呼吁开展保护运动。但是，当时环境污染还远未达到足以引起全世界警觉的程度。20 世纪 20 年代以后，一些注重生态、环境、资源对人类生活影响的理论先行者，提出了不少与可持续发展观有关的见解。

1962 年，美国杰出的海洋生物学家蕾切尔·卡逊在广泛调查，掌握大量事实的基础上，出版了她划时代的生态环境问题名著《寂静的春天》。20 世纪 50 年代以后，化学杀虫剂在美国大面积推广。在农作物病虫害防治取得明显成效的同时，也造成了十分严重的生态环境破坏。卡逊指出了一个令人类十分尴尬的事实：随着化学药品的普及，害虫的抗药性也同步增强，以至于该杀死的害虫依然活蹦乱跳，不该杀死的鸟类、鱼类却早已遭殃。鸟类从吃下的昆虫那里吸收了滴滴涕，从而使所产的蛋壳变薄，薄蛋壳很容易破碎，致使幼鸟死去。在揭示了大量触目惊心的污染现象之后，卡逊又从正面阐述人类与大气、土壤、海洋、河流、动物和植物之间共存共荣的密切关系，提出现代生态学研究的时代课题，呼吁重建人类与自然的和谐统一关系，让生命的春天重新喧闹起来。

卡逊的著作以科学的严谨和对生态环境的热忱，激起了公众对杀虫剂问题的关注和人们环境意识的觉醒。但是，由于她的书深刻揭示了工业污染对生态环境的灾难性影响，触及生产农药的化学工业集团的利益，因而她受到了被蛊惑和利用的媒体、甚至是一些所谓科学家的攻击和诋毁。这些人甚至试图把卡逊描绘成一个偏执狂的形象。幸运的是，当时的肯尼迪总统曾在国会上讨论了这本书，并指定了一个专门调查小组调查它的观点。调查的结果是卡逊关于杀虫剂潜在危险的警告被确认。美国政府开始重视这一问题，并于1970年成立了环境保护署（Environmental Protection Agency）。环境问题开始成为公众、政府所正视的问题。美国前副总统戈尔将《寂静的春天》的出版，视作“现代环境运动的肇始”，并称赞该书“是一座丰碑，它为思想的力量比政治家的力量更强大提供的无可辩驳的证据”。

生态环境问题不仅仅是美国的问题。而是被卷入工业文明体系的整个世界的问题。20世纪60年代末期，欧美工业国家经济空前繁荣，整个社会弥漫着经济成功的自我陶醉气氛。而在此时，意大利一位有远见的企业家、经济学家奥莱里欧·佩西博士和一些学者却看到了人类发展的隐忧。在佩西的号召下，来自10个国家的科学家、教育家、经济学家、人类学家、实业家，聚会罗马猞猁科学院，讨论起当时和未来人类的困境问题。一个具有世界影响力的国际学术团体——罗马俱乐部宣告诞生了。1972年，罗马俱乐部这个非官方组织发表了轰动一时的研究报告《增长的极限》。该报告从人口、资源、粮食、污染等方面的资料出发，批判了以追求经济指数为目标的工业化模式。它告诉我们，煤炭、石油和其他各种矿物资源是有限的，它们不能支持人类无限制的工业增长。粮食、人口的增长也有一个自然的限度，地球吸纳污染的能力同样有一个不能突破的限度。该报告告诫人类："我们不知道，地球吸收一种污染的能力的确在上限，更不必说地球吸收各种污染相结合的能力了。可是，我们确实知道存在一个上限。而许多地区的环境已经超过这个上限了。人数和每个人的污染活动都按指数增长是全球达到上限的最基本的途径"。超越这个上限，受威胁的将是人类自身的生存。

佩西还发表了《深渊在前》(1969 年)、《人类的素质》(1977 年)、《未来的 100 页》(1981 年) 和《二十一世纪的警种》(与迟田大作合著，1984 年) 等著作，从整体的角度，探讨人与自然的关系。他认为，要透视人类的存在状态，把握未来的命运，我们必须把人与自然的关系问题放在最优先的位置来考虑。他警告我们，人类对自然和对人与自然关系的任何削弱，最终的结果都是对人类自身的削弱。人类不过是诸物种中的一种，通过生物圈的复杂网络，他们与自然形成一个统一的整体。如果人类破坏了这个统一整体，那么极有可能引起整个地球的生物物理条件发生巨大变化，从而瓦解生命支持系统，人类也无法生存："所谓'进步'，已成为一种疯狂的动乱——如此地机械，如此地人为，如此地无情和不可预见——我们再也不能控制它，甚至不能理解它的意义。我们的形势确实是风云多变的。一条日益扩大的鸿沟把我们同真实的世界分隔开来，对于这个世界，我们曾经是熟悉的，但现在却生疏了，同时，某些事情会使我们情况变得更坏，某些事情则可以改进我们的情况，而我们却无法对这两者加以区分。结果，使我们狼狈不堪，采取了轻率的行动。如果在我们人类的深渊中，没有一块最终的安全栖身之地，那么我们的形势将很快会变得严重起来。理解力、想象力和创造力，这本来是人类先天固有的财富，但仍然被人们所遗忘和未予利用。再加上各种尚未开发的资源和道德力量仍可以为我们服务。在生和死之间，在生存或沉沦之间（说得具体一点，在体面地使人类生存下去或沦落到低于人类水平之间）我们要做出选择，那就几乎完全要依靠我们是否有能力去动用和开发这种蕴藏在我们之中的客观存在的潜力。”

生态环境问题受到越来越多的学者的关注，他们从不同的视角为工业文明时代的人类进行又一次的启蒙。历史学家汤因比把地球看作是人类和各物种的母亲。他以历史学家的深邃指出，人类是大地母亲最不可思议的孩子。本来，人类不过是地球生命的一支，但是却强大到试图控制和支配整个生物圈的地步。这种控制和支配活动却给生物圈和大地母亲带来创伤。尤其是与科学技术结合的工业社会，科技所带来的强大的力量如果没有一种道德力量的引导，而只是服务于人类的贪欲时，将会导致自然界和人类的毁灭。科学家弗里特约夫·卡普拉则提出了生态世界观，试图从根本上改变自近代以来人们形成的机械论世界观，为现代社会奠定和谐发展的观念基础。美国哲学家霍尔姆斯·罗尔斯顿承继利奥波德土地伦理的思想，提出了系统的生态伦理观，要求人类尊重自然的权利，使人们在面对自然时保持道德的自我克制和自我约束。

这些学者的观点在当时都引起了争议。一些人指责他们危言耸听、夸大其词、缺乏根据、不够严谨。这些指责有时也不是完全没有道理。但是，有一个问题是清楚的：生态环境问题即使不像这些学者所说的那么严重，也已经严重到了我们非重视不可的地步。正是由于这个原因，他们提出的问题才引起了公众的广泛关注。生态、环境运动自20世纪60年代以来逐步兴起。60年代末，美国参议员G. 纳尔逊建议设立“地球日”以表达公众对环境问题的关注。1970年，全力支持这个设想的大学生丹尼斯·海斯开始组织、发动群众，同年4月22日举行了大规模游行示威，全美参加者高达2000万人。不久美国国会将这一天定为全美地球日。随后它也逐步扩展到世界其他国家。公众对环保活动的积极参与导致全球一大批环保非政府组织（NGO）的诞生，并形成了民间绿色运动的浪潮。各国政府相继成立了环保机构，民间环保、生态组织更是如雨后春笋般茁壮成长。西欧各国还普遍组成了绿党，把生态环境问题纳入政治操作。生态问题逐步从学者们的思想观点转化为人类的实际行动。

从生态的深度裂变的现实我们可以看到，生态环境问题不是哪一个国家、哪一个地区的局部性问题，从而也不是哪一个国家、地区可以完全自行解决的问题。这是全球化时代的全球性问题。它需要人类的共同努力，需要国际社会的协调，需要各国的共同行动。1972 年 6 月 5 日，首次联合国人类环境会议在瑞典斯德哥尔摩举行。这是世界各国政府共同讨论当代环境问题，探讨保护全球环境战略的第一次国际会议。受联合国人类环境会议秘书长莫里斯·斯特朗委托，经济学家芭芭拉·沃德和生物学家勒内·杜博斯，为这次大会提供了一份非正式报告《只有一个地球》。这一报告在追溯人类文明史的背景下，以全球性的眼光，将生态环境问题与知识、人口、资源、城市化、发展不平衡结合在一起综合考察。在报告的最后，他们呼吁人们："在这个太空中，只有一个地球在独自养育着全部生命体 系。地球的整个体系由一个巨大的能量来赋予活力。这种能量 通过最精密的调节而供给了人类。尽管地球是不易控制的、捉摸不定的，也是难以预测的，但是它最大限度地滋养着、激发着和丰富着万物。这个地球难道不是我们人世间的宝贵家园吗？难道它不值得我们热爱吗？难道人类的全部才智、勇气和宽容不应当都倾注给它，来使它免于退化和破坏吗？我们难道 不明白，只有这样，人类自身才能继续生存下去吗？" 6 月 16 日，在这份报告的基础上，联合国环境大会第 21 次全体会议通过了《联合国人类环境会议宣言》。该宣言宣称："人类既是他的环境的创造物，又是他的环境的塑造者，环境给予人以维持生存的东西，并给他提供了在智力、道德、社会和精神等方面获得发展的机会。生存在地球上的人类，在漫长和曲折的进化过程中，已经达到这样一个阶段，即由于科学技术发展的迅速加快，人类获得了以无数方法和在空前的规模上改造其环境的能力。人类环境的两个方面，即天然和人为的两个方面，对于人类的幸福和享受基本人权，甚至生存权利本身，都是必不可少的。保护和改善人类环境是关系到全世界各国人民幸福和经济发展的重要问题，也是全世界各国人民的迫切希望和各国政府的责任。”

人类作为整体终于认识到生态环境同人类生存密不可分的联系，并决定为此采取行动。在第一次世界环境大会之后，在世界各地又召开了无数次世界性、区域性或各国内部性的与生态环境有关的会议，通过了许许多多涉及生态环境问题各方面的宣言、公约、法规和办法，生态运动席卷世界，要求改变工业文明的发展方式，寻求可持续发展的呼声越来越高。但令人担忧的是生态环境的恶化并没有得到根本性的逆转。问题在于，生态环境问题的产生与人类的生存方式，特别是与工业文明的机制联系在一起的，它触及敏感的利益、价值观念、科学技术、经济发展、国际关系等复杂问题。并不是说人类一旦认识到这个问题的严重性，该问题即可迎刃而解。我们必须反省工业文明机制内在的矛盾，彻底转变旧的观念，以一种新的方式生存与发展，我们才有希望解决生态环境问题，步入一个人与自然和谐的生态时代。我们的前辈在20世纪已经开始了深刻的反省，开辟了通向未来之路。在21世纪的今天我们必须更加自觉地沿着这条道路走下去。那么，我们也就必须持续地检讨我们自身，使越来越多的人接受新的观念和新的行为方式。

第二节　工业文明模式的反省

工业文明的知识—机器—市场机制的过度扩张，丧失了可持续发展的理念，导致了人与自然和谐关系的破坏。那么这一机制的问题出在哪里呢，是人类什么样的信念和行为导致了如此严重的后果呢？

第一，人是关系的存在。

人类诞生以来，为了生存和发展，就要处理两大关系，即人与自然的关系和人与人的关系。人类的历史，可以说就是处理这两大关系的历史。可持续发展观的提出，既是对人与自然关系进行反思的结果，也是对人与人的关系进行反思的结果。人类社会要想继续蓬勃地发展下去，就必须正确认识人与自然、人与人之间的关系，并使之保持和谐的状态，人们只有在观念上发生了根本转变才有助于实现可持续发展。

从哲学的角度探讨人类的可持续发展，首要的问题是如何正确认识人与自然的关系。在处理人与自然的关系上，马克思和恩格斯都曾有过精辟的论述，马克思主义的辨证自然观认为，人与自然的关系是相互作用的。

首先，"人直接的是自然物"，自然是"人的无机的身体"。这就是说人不仅是拥有身体，而且拥有自然的各种力量；人是自然中分化出来的，是自然界的一部分。传说大地女神盖娅的孩子都是勇猛的巨人。每当这些巨人在战斗中倒下，他们都会从他们母亲那里获得新的力量，从而更加勇猛地投入战斗。希腊英雄赫拉克勒斯发现了他们的这个特点，他把巨人举了起来，离开大地母亲的巨人因力量衰竭而死去。因此，一天天强大起来的人是离不开自然界的。正是在这个意义上，恩格斯说，"因此我们每走一步都要记住：人们统治自然界，决不能像征服者统治异族人那样，决不是像站在自然界以外的人似的，——相反地，我们连同我们的肉、血和头脑都是属于自然界和存在于自然界之中的；我们对自然界的全部统治力量，就在于我们比其他一切生物强，能够认识和正确的运用自然规律"。因此，人类只是自然系统中的一部分，自然与人应该在平等的地位上，人类之所以能改造自然，是因为人类能够认识和正确运用规律，而不是去奴役它。

其次，人作用于自然，自然也反作用于人。人依赖于自然而生存，自然为人类提供必要的生活资料和劳动资料。人类从自己的主观能动性出发来作用于自然界，改变自然界，自然界也给人以反作用。如果人类不遵守自然规律，任意破坏自然界的生态平衡，自然界也会给予“报复”。据专家测算，几万年前地球曾有76亿公顷原始森林，覆盖着陆地面积的3/4以上，这一数字在农业文明近万年间因农田垦殖而缓慢递减，到1863年，全球森林面积为55亿公顷，此后则大大加快了递减速率：1969年下降到38亿公顷，1981年仅剩28亿公顷，1995年则不足20亿公顷。以中美洲为例，1950—2000年间失去的森林比以前500年还多。温带森林在19世纪及20世纪上半叶已经遭到破坏，那么，热带雨林在20世纪下半叶也正在迅速消失。森林作为“地球之肺”发生严重损伤，后果不堪设想，仅以造成水土流失而言，便很难弥补，因富含有机物的表土需历数十万年方能形成。与此相伴的是物种发生非自然性消减，现在全世界每天约有45—270个物种灭绝，物种消亡率比一个世纪前增加千倍。人类若不采取积极措施，在今后几十年间，现有的3000万个动植物物种有1/4将永远从地球上消失，这意味着生物界的生态平衡被打破。大自然生物链的人为断裂，将带来难以预料的后果。

自然生态环境是社会存在和发展的最终基础。自然生态系统的资源再生能力和废物消纳能力有一定的阈域，无论人类怎样努力，自然的阈域都将给社会经济的发展画出一条底线。因此，从终极指向意义上来看，可持续发展不仅需要自然资源、生态状况不因社会经济的发展而退化、恶化，而且要求其能随着人类需要的增长而不断优化。当人类运用自己的智慧和能力施惠于自然，使生态潜力的增长超过人们对它的使用和索取时，优化的自然生态系统能反过来为人类的进一步发展提供越来越优越的条件，从而保证人类的可持续发展。这种人与自然相互依存、互利共生的关系，正是可持续发展的必然条件。

人是社会性的生物，人与自然相互作用，归根到底是社会与自然的相互作用。正如马克思所说，“这个领域的自由只能是：社会化的人，联合起来的生产者，将合理的调节他们和自然之间的物质变换，把它置于他们的共同控制之下，而不让他们作为盲目的力量统治自己；靠消耗最小的力量，在最无愧于和最适合于他们的人类本性的条件下来进行这种物质变换。”因此，平等、互利、和谐的社会关系的建立，是建设美好的人与自然关系的重要前提，也是可持续发展在深层次上的又一必然要求。

从物质世界的演化来看，任何一个物质系统的演化，经过千百万年的随机试错和磨合，最终都会走向各种因素协调的平衡状态，这是物质演化的客观规律。这意味着，人与人、人与自然走向和谐协调也是符合物质世界的客观规律的。进而，由于人是理性的生物，人类不仅能认识物质世界趋向平衡协调的客观规律，从而形成人与自然协调发展的观念，而且能在思维中预演物质世界中各种可能的演化进程，从中选择那种最有利于各种因素的协调，从而最有利于人类根本利益的发展模式。因此，就潜在能力而言，人类是有可能实现人与自然和谐统一的美好境界的。

从以上分析我们不难看出：人与自然的关系是一种相互依存、共生的关系。在二者的相互作用中，自然界是人产生、确立和发展的基础和前提；而人类则是有着自觉意识的自然界存在物，能主动调节自身与自然的关系，因此他对自然界的变化和发展负有责任。

只有正确认识了人与自然的这种共生关系，我们才能为人类的发展找到一条正确的道路——可持续发展的道路，而可持续发展也只有建立在这样一种对人与自然关系的科学认识的基础上，才能够真正确立其“安身立命”之本。正如《我们共同的未来》所说，“从广义上来说，可持续发展战略旨在促进人类之间及人类与自然之间的和谐”。

总之，实行可持续发展的实质是人类如何处理好与自然的关系问题，因此，人们采用什么样的行动，推动什么样的活动也就成了能否实现可持续发展的关键。我们应该看到，正是由于人具有主观能动性和自我约束性，能够自觉尊重生态平衡发展规律，纠正自己的盲目行为，才能使人与自然和谐统一，才能实现可持续发展。

人与自然的关系只能在人与人、人与社会的关系中被现实化。

人类的发展取决于人与自然的关系，还取决于人与人之间的关系，而且后者直接影响着前者。生态危机展现的是人与自然之间的关系的全面紧张。因此，对于人与人之间关系的科学认识也是可持续发展观的另一个认识论前提。

可持续发展观的一个核心内容就是人与人的平等，不仅是代内人与人的平等，而且还要关注代际之间的平等。代内关系是在共时性意义上说的，它是指同一时期不同个人或群体（民族、阶级、国家等）之间的关系；代际关系是从历史性角度来说的，它是指现在的人与未来的人之间的关系。可持续发展观必须建立在对以上两种人与人之间关系的正确认识的基础之上。

在现实社会中，代内关系经常以一种对抗性特征出现。它具体表现为一些国家、民族或阶级的发展是建立在另一些国家、民族或阶级的不发达的基础上，“一些人靠另一些人来满足自己的需要，因而一些人（少数）得到了发展的垄断权；而另一些人（多数）经常地为满足最迫切的需要而进行斗争，因而暂时失去了任何发展的可能性。”由于自然的、历史的、文化的和制度的等方面的原因，代内关系的紧张状况已经成了一个基本的既成事实。“在对自然资源的占有上，占世界26%的发达国家的人口所消耗的主要资源和能源，却占全世界总消耗量的80%以上。”在环境污染方面，联合国环境规划署执行主席特普费尔认为主要责任在发达国家。研究表明，全球变暖的直接原因是二氧化碳排放量的持续增加，而发达国家是二氧化碳的主要排放者，其排放量占全球排放量的75%以上，其中美国的排放量就占全球排放量的23%。这些统计数据向人们披露了一个事实：发达国家由于自身的发展消耗掉了大量的资源，从而使发展中国家在一定程度上丧失了发展自身的机会；同时，发展中国家为了尽快摆脱贫困和落后，加速发展，就不得不付出环境代价，从而最终影响到整个生态系统的平衡。

然而，人们对于上述事实的认知却是不同的。发展中国家与发达国家坐在一起讨论发展问题的观点是有巨大差异的，立场是鲜明对立的。在现实的地球空间中，由于南北差距的扩大，在对环境问题的认识上存在许多矛盾，并且这些矛盾越来越尖锐。发达国家追求的是“舒适、优美”的环境，追求的是“清洁生产”、“绿色工业”、“绿色消费”，而广大的发展中国家在此问题上尚处于被动状态，一些贫困国家的人民还挣扎在死亡线上。更加严重的是个别发达国家以其经济实力为所欲为。难以想象在这样一种代内关系之下能够有人类的可持续发展，因此，对代内关系的正确认识理应成为可持续发展理论的一个重要认识论前提，只有充分认识到“代内公平”的重要性，可持续发展理论才能得以成立，才能得以实施。

再来看看代际关系。从一定意义上讲，人类社会的发展就是人与自然的不断分化的过程。在这一过程中，人与人的关系中的个体因素越来越凸显，个体生存原则日益居于主导地位，并最终转化为功利至上主义，从而加剧了人与人之间的不平等关系，强化了个人主义和利己主义行为，出现极端个人主义的价值体系。蕴含在这种价值体系中的代际伦理，往往忽视当代人的责任和义务，牺牲子孙后代在生存和发展上的权利；只顾及眼前和局部利益，无视自然和社会的长远利益和整体利益，把后代人的利益作为掠夺的对象，由此威胁着人类的整体生存和延续，导致代际关系的严重扭曲和异化。

应该说，代际关系的恶化与传统发展观指导下的人类中心主义有一定的关系。在这种人类中心主义的视野中，人是被作为解决和处理问题的中心来对待的，它主张人生活生存的绝对性，凸显人的利益需要；在社会生活的基本原则上，把个体生存的价值取向置于优先地位；在自然和社会生活的准则上，主张社会生活生存居于支配地位。这样的一种价值观念，使经济利益的冲动合法化，人类也因此创造了极大的物质财富，但却也因此走向了“人类沙文主义”，把自然作为劫掠的对象，产生了极大的负面效应。也正是在这种价值观的指导下，人们普遍缺乏对未来的责任和义务，在代际间产生了一种事实上的不平等关系。

对于自然资源在不同代人之间应当如何恰当分配，斯拜士对以往可能的思路做了梳理，其一是除了对下一代人以外，人类对以后的各代，没有责任；其二是人类对后代有道义上的责任，但后代的重要性小于当代人；其三是后代人应当拥有与当代人同样的权利和利益；其四是人类不仅对后代人有道义责任，而且后代人比当代人更重要。这里的第一、第二条思路与传统发展观有着某种必然的联系，因此不能够成为可持续发展理论的认识论前提。而第四条思路“无异于要求穷人向富人送礼”。只有第三条思路才是恰当的，只有按照这样的思路，才能达到“代际公平”，从而成为可持续发展理论的哲学基础。

作为可持续发展理论的认识论前提之一的代内公平和代际公平，我们除了要确认它们各自的内涵之外，还要关注二者的关系。应该说，二者的联系性要多于它们之间的独立性。这就是说，一方面，只有在代际公平的情况下，才能真正达到代内公平；另一方面，代内公平问题的解决，既为解决代际公平问题创造了物质基础，又能创造政治、社会、文化等多种制度条件。因此无论在理论上还是在实践中，这两个概念都不应该割裂。

可持续发展观的核心，在于正确规范人与自然和人与人这两大基本关系。它要求人类以高度的科学认识与道德责任感，自觉地规范自己的行为，创造一个和谐的世界。人与自然之间的相互依存、互利共生是人类文明得以可持续发展的“外部条件”；而人与人之间的相互尊重、平等互利、共建共享以及当代人的发展不以危及后代人的生存和发展为代价等，是人类文明得以延续的“内部根据性条件”。唯有这两个条件的完整组合，才能真正构建出可持续发展的理论框架，完成对传统发展观的突破，最终形成世界上不同制度、不同意识形态、不同文化背景的人在可持续发展问题上的基本共识。

第二，增长不是全部。

工业文明激起了我们的欲望与激情，而且给出了一条满足我们无底洞式的欲望的不归之路——经济增长。增长就是发展吗？传统的发展观认为它们是同一的，但可持续发展观就需要反思它们之间的关系。

传统发展观有三个信条：（1）经济的增长和人对自然界的改造是没有限度的；（2）发展是天然合理的；（3）能够做的就是应该做的。这些信条支配着人们成功地、无止境地进行征服和改造自然的活动，并取得了辉煌的“成就”；反过来这些成就的取得更加坚定了这些信条。特别是20世纪30年代以来，凯恩斯主义经济学把国民生产总值作为国民经济统计体系的核心，成为评价经济福利的综合指标和衡量国民生活水准的象征。于是在现实经济生活中，经济发展表现为对国民生产总值、对经济高速度增长目标的热烈追逐，驱使着人们的发展行为和发展方式，而不管这种经济增长对自然界，对人、社会的持续生存和发展的后果。在一定意义上讲，传统发展观的产生有着相当大的必然性，尤其是对于“二战”后发展中国家的现代化来说起到了很大的积极作用，但是在它的指导下，为了取得经济增长，人们采用“高消耗”、“高消费”、“高污染”的发展方式，结果造成了“无发展的增长”的严重后果。经济的增长并没有导致经济的真正发展，没有推动非经济目标的实现和社会的全面进步。“增长不等于发展”，社会的发展是经济、文化、政治等整体系统的生成，演进和更新过程。

由于传统发展观的指导，工业文明下的生产和生活与经济增长是紧密联系在一起的。与农耕生产相比，工业生产是独立于生态体系之外的，不受生态规律的直接制约。当然，农业、自然生态也为工业生产提供原材料。但是，工业消耗这些原材料和其他矿物资源的方式是非生态的。这是因为工业消耗原材料的速度和规模是农业社会望尘莫及的；更为重要的是，工业消耗原材料的方式是非循环的。（工业也回收部分废弃物，但这一部分在工业生产中所占的比重几乎可以忽略不计）工业能这样无限增长下去吗？

工业能否增长下去取决于两个条件。一个条件是否有足够的能源和原材料供我们消耗。迄今为止，工业文明的动力是建立在矿物燃料基础上的。谁都知道，矿物能源的储量是有限的，石油只能维持百十年的时间，煤炭维持的时间可能会长一些，但远远不是永无止境。替代性的能源，风能、太阳能难以提供巨大的驱动力，水力资源已经开发得差不多了。核能倒可能是一种选择，但目前通过核裂变方式获得能源所依赖的铀、钚在地球上的储量极为稀少，不能满足我们无止境的需求。乐观主义者会说，人类总是能够在旧形式的能源耗尽之前找到新的能源形式。对此我们只能说，也许。但是，我们不能对这样一种危险掉以轻心：也许我们会在耗尽我们赖以生存的能源之后仍然没有找到新的能源。这绝不是危言耸听。须知，我们今天是以加速度的方式消耗着有限的能源。美国人口不到世界人口的1/25，但美国人每年消耗的能源却是世界能源消耗总量的1/4。多少双眼睛都在盯着美国，多少国家的人民及其政府都想达到美国人的生活和消费水平。如果这些愿望都实现的话，恐怕不一定是人类的福祉，而是一场灾难。其结果必然是矿物能源在短时期内枯竭，真正应验了上面所说的在我们找到新的替代能源之前，我们已经没有了足够的能源。

这里说的仅仅是能源，其他矿物资源也都是如此。我们的工业文明除了被能源驱动之外，还被各种物质材料支撑着。这些物质材料最终来源于自然界，其中相当大的一部分来自于矿物资源。当这些矿物资源被消耗殆尽时，那些被钢铁支撑的摩天大楼、那些由各种金属构成的机器、那些靠大量元素合成、分解的化学工业，总之，你能想到的一切需用大量消耗物质材料的工业将靠什么来支撑呢？

工业资源中有一部分是可再生的资源，这部分可再生资源的绝大部分来自于我们的生态体系。这个生态体系就是工业增长能否持续下去的第二个条件。从前一章关于生态的裂变问题中，我们知道，人类的生存，特别是工业化生存给生态体系造成巨大的压力。人不管多么强大，他总是生态体系的一部分。从这个意义上说，人对生态体系的压力也就是对他自己的压力。生态体系承受人类活动的压力也是有限度的。超过这个限度，生态体系也会崩溃。楼兰古城的命运、巴比伦的衰落、印度文明的神秘消失都与局部生态体系的崩溃有关。这些局部生态体系的崩溃都发生在农耕时代。今天，工业文明向生态体系施加的压力远远超出农业文明的能力，局部生态体系崩溃的例子比比皆是。我国的滇池、巢湖、太湖等淡水湖，由于污染和过度捕捞，生物资源几近枯竭。由于人口的压力，一些地方在草场、山林地区垦荒造田，结果水土流失，生态体系遭到致命毁坏。近年来，北京、内蒙古、甘肃等地屡遭沙尘暴袭击，实际上是三北部分地区生态体系濒临崩溃的信号。更为严重的问题是，全球化时代的经济增长对生态体系的压力更是全球化的。这会不会导致整个生态体系的崩溃？也许，今天我们离这个崩溃还很远。但是谁也不敢对此掉以轻心，因为它的结果太可怕了，那就是人类的毁灭。我们之所以不敢掉以轻心，更是因为对经济增长的追求，已经显示出我们向这种崩溃方向迈步的征兆。

我国西沙群岛有一个著名的鸟岛。由于没有人居住，成了鸟儿的天堂。岛上的鸟粪层就有一米多厚。后来，边防战士前去守卫。来往运送给养的船只把老鼠这种无孔不入的家伙也带到了岛上。战士们不胜其扰，就从大陆上带来猫这个老鼠的天敌。没想到，猫到了岛上不断繁殖，成了成群的野猫。而且这些家伙吃鸟比抓老鼠更拿手，成了危害鸟类的天敌。战士们想到，是不是再引进狗来抑制猫。为此，他们请教了生物学家。生物学家告诫他们，生态体系是复杂的，引入猫带来了意想不到的后果，引入狗也会有意想不到的结局。类似的事情并不少见。当大量的移民进入澳大利亚时，人们带来了牛。牛在澳大利亚草原上繁衍生息，也把牛粪遍撒在草场上。这些粪便积累起来，几乎把草原窒息。原来，在其他地方，牛粪除了自然降解之外，还是蜣螂（俗称屎壳郎）的食物，所以牛粪不会大量积累。但是，澳大利亚自古以来没有牛，当地的蜣螂只吃袋鼠的粪便，不吃牛的粪便，才有了这样的结果。地球上任何一个地区的生态系统都是亿万年进化的结果。在每一个区域的生态体系中都有一种自然的平衡。在这种平衡中，物质和能量在生态体系中循环不已。但是，人的活动往往打破自然生态体系原有的平衡。而一旦这种平衡被打破，生态体系就陷入危机。由于追求经济增长，以及经济活动的全球化，上述由于新物种的引入而导致的生态危机时有发生。

相反的例子也有，由于人类的经济活动使得一些物种灭绝或大量减少，从而打破原有的生态平衡。最明显的例子是昆虫。许多植物是靠蝴蝶、蜜蜂来传花授粉的。尤其是蜜蜂，在人类驯化的几千种作物中，80% 以上需要蜜蜂来传授花粉。所以，仅仅从经济价值来看，蜜蜂传播花粉的作用比其酿造花蜜的作用要重要得多。而且，根据科学家的研究，农作物和植物主要是靠野生蜜蜂和其他昆虫传播花粉，家蜂传播只占其中的 15%。许多野生植物离开蜜蜂或其他昆虫的授粉活动也难以繁衍后代。所以，蜜蜂和昆虫的生存不仅仅是它们自身生存的问题，而是关涉到一大批植物，从而关涉到整个生态平衡的问题。但是，为了追求经济增长，人类生产了大量农药和其他化学制剂。这些农药和化学制剂的使用，使得这些传花授粉的昆虫和蜜蜂大量地减少。根据美国生物学家的研究，美国蜜蜂的数量减少了一半，近五年来就减少了 1/4。这种势头可以说在全世界范围发生着。在我国的许多地区，野生蜜蜂早已绝迹，蝴蝶的数量也大为减少。这种趋势持续下去。生态体系将受到致命打击。

最近，国际环保组织“野生动物援助”发表报告，呼吁有关国家加强对鲨鱼捕捞和贸易的管理、减少鱼翅消费。鲨鱼这个海洋中的霸王为什么也沦落到被保护的地步呢？鲨鱼肉的经济价值不高，过去通常是被渔民在捕捞其他鱼类时无意捕到，大多数情况下会被丢弃。但是近年来，世界食品市场对鱼翅——鲨鱼鳍的需求不断增长，鲨鱼肉也以其廉价受到非洲、印度等市场的欢迎；同时，人们发现鲨鱼肝油、软骨具有抑制癌症的功效，与鲨鱼相关的工业发展起来，这促使捕捞鲨鱼的行为大幅度增加。鲨鱼是海洋食物链中重要的一环，并且特别容易受到过度捕捞的损害。它们的数量减少，会威胁到海洋生态系统的平衡，影响一些重要经济鱼类的生存。如澳大利亚附近海域，由于鲨鱼数量减少，造成章鱼数量暴涨，使得多刺龙虾产量大幅度下降。不难想象，鲨鱼从海洋食物链中消失后，海洋生态平衡将会遭受致命的破坏。

而且，受到威胁的物种远远不止蜜蜂、各类昆虫和鲨鱼。许多野生物种都处在灭绝边缘或已经灭绝。每一种物种的灭绝都是对局部生态平衡的一次打击。每一次的打击看似不大，然而积累起来，当这种打击接近一个极限时，它也会危及整个生态平衡。

对经济增长的追求使人类对生态资源的索取超出了生态体系自我恢复的能力和限度。经济增长要消耗大量的资源，这其中也包括生态资源。工业时代，人类直接大规模索取生态资源主要是两个方面，一个是森林砍伐；另外一个是渔业捕捞。森林一直是人类的燃料和建筑材料。农业时代，在人类活动频繁的地区，原始森林就已经开始逐步消退。工业时代，人类更有条件砍伐森林作为工业材料，建筑、造纸、家具等工业消耗大量的木材，森林减少的速度大为加快。森林是地球生态体系中最重要的因素之一。各种类型的森林均是物种富集的地方，森林的减少使大量物种失去家园，走向灭绝。更为重要的是，森林是生物圈物质、能量循环最为重要的一环。碳、氧循环则是生物圈物种、能量循环的重要形式之一。动物吸入氧气，呼出二氧化碳，植物则在光合作用下吸收二氧化碳，呼出氧气。正是绿色植物的出现，才使地球有了高比例的氧气和臭氧层，使得喜氧生物大量出现，才有了我们今天生机勃勃的生态体系。由于森林的减少，大气中二氧化碳的浓度上升，含氧量下降。美国耶鲁大学的科学家曾经采集到一块形成于8000万年前的玛瑙，玛瑙中有一个气泡。科学家分析了气泡的成分，发现气泡的含氧量在30%以上。而我们今天空气中的含氧量只有21%。按照这个速率递减，180万年后，地球上的氧气将会枯竭。实际上，地球上的氧气只要再减少一半，不用完全枯竭，包括人在内的绝大多数物种将会灭绝。工业的增长，使森林不断消退，地球陆地森林覆盖率曾经在 60% 以上，而今已经不足 30% 。

人类很早就把渔业捕捞当成重要的食物来源。但是在工业时代之前，除了像因纽特人等少数居民外，渔业产品只是辅助的食物。过去，我国许多地方，农民们根本就不知道吃鱼。再加上捕捞工具的限制，渔业捕捞不造成对生态的过度索取问题。即使如此，为了保证生物资源的可持续利用，古人还是知道有限度地利用这些资源。我国古代思想家孟子就提倡：不要用细密的渔网捕鱼，不要在春天植物繁育的时候砍伐山林。工业时代以来，渔业纳入现代经济增长的一个方面。工业技术为渔业捕捞提供了现代化的捕捞工具。渔业资源成为人类重要的食物来源和重要的工业原料来源。在全球，鱼类占所消耗动物蛋白的约 16% 。在一些亚洲国家，这个比例上升到 30%—50% 之间。全世界大约 10 亿人（其中大多数在发展中国家）依靠鱼类获取其初级蛋白源。世界年渔获量按重量计超过 4 个主要动物商品群（牛肉、羊肉、猪肉和禽肉）中任何一群的产量。在发展中国家，鱼产量略少于所有 4 个动物商品群合在一起的总产量。年渔获量的约 25% 被转化成鱼粉和鱼油，后者用来作为牲畜和家禽饲料的一种成分。鱼粉也用来喂鱼。

由于鱼类在人类食谱中扮演着越来越重要的角色，过度捕捞开始成为一个世界性的问题。在过去的四五十年内鱼产量一直稳步上升，从 1950 年以来，产量已经增加 600% 以上。这其中 70% 以上来自于海洋捕捞。20 世纪 80 年代以来，我国渔业捕捞迅猛发展，结果是渔业资源几近枯竭。鱼类品种越来越少，鱼虾的个头越来越小。带鱼这种我国市场上最常见的品种。随着竭泽而渔式的捕捞，市场上又宽又厚又长的带鱼变得又细又短又薄。后来，我国政府宣布在我国沿海实施休渔期，禁止在鱼类繁衍发育期出海捕鱼，收到了立竿见影的效果。当年捕获的鱼类品种增多，个头变大。这说明，在实施限制之前，我们的渔业捕捞已经超出了海洋生态自我恢复的能力。这种情况，在我国几大淡水湖区也有发生，巢湖市已下达“封湖令”，在3月到8月的鱼类繁殖生长期间，对巢湖进行封湖禁渔。

过度捕捞是一个世界性的问题。许多国家和地区的渔民用拖船拖网捕捞的方式捕鱼。拖网所过之处对海洋生态造成极为严重的损害。海底拖网对包括能为幼鱼提供基本庇护和食物的海绵、管虫、海胆和海葵在内的海底生物群落是高度破坏性的。配备滚球或“岩企鹅”的现代拖网和耙网可以从深达1200米深度的海底耙过。拖网扰动后的恢复可能需要数十年，因为物种补充和生长到成熟是缓慢的。然而，大力开发的拖网区域可能一年要拖若干次。拖网造成的破坏是许多沿海、大陆架区域鱼类资源衰减的重要原因。在使用细密的拖网捕鱼或捕虾时，拖网的捕获率极高。然而那些过小的鱼和经济价值较低的水产品在被捕获后又被抛弃。1994年，世界商业性海洋渔业中副渔获物和抛弃物的水平估计为2700万吨，相当于总食品渔获量的1/3。抛弃小鱼和幼鱼不只是一种浪费行为，它显然对水生种群繁衍产生巨大的消极影响。

海洋是巨大的，海洋的生物资源也是丰富的。但是，海洋作为一个生态体系是有限的。人类可以向海洋索取自己的所需，前提条件是保障海洋生态的自我恢复能力。否则，即使富如东海的资源也是会枯竭的。而这种枯竭对人类来说必然是灾难。

实际上，除了森林的砍伐和海洋捕捞之外，还有一种更严重的对生态资源的索取，这就是，人类把越来越多的自然生态体系变成了人类经济增长的场所，从而使自然生态体系的空间大为压缩。整个自然处处都在人的干预之下，而生态体系的演化在其绝大部分变化时间内是在没有人的干预下自发进行的。奥雷利奥·佩西曾经把地球的自然演化史浓缩为一周来描绘，以便我们对问题的实质有更深刻的感受。假定地球在星期一最初的一分钟（60亿年前）诞生，星期四的清晨（30亿年前）生命才出现，星期六的下午（2亿年前）出现哺乳动物，星期六晚上11点45分（100万年前）人类才诞生，在午夜前最后一分钟（1 万年前）人类才刚看见文明的曙光。人类这一万年的文明史，在这一周中仅相当于 1 秒钟。但是，在这短短的“1 秒钟”内，人类从几个在有限区域内活动的群落，发展到遍布全球。而且更为要命的是，人类在这“1 秒钟”内对生态体系的改变的速率，比在这“一周”内任何一个时间段内生态体系改变的速率都要快得多。而且，这种改变的大部分是在这一万年中的最近二三百年中，在人们追求工业经济增长的过程中发生的。森林在减少，物种以前所未有的速度灭绝。同时，温室效应导致全球保暖，冰川融化，气候模式发生变化；臭氧层破坏，各种生物均受到威胁，可以说，工业经济增长已经导致了整个生态体系存在巨大变化。如果人类继续追求一种高速度的经济增长，继续压缩自然生态体系的生存空间，自然生态体系的崩溃就不是危言耸听。

从以上分析我们自然会得出结论，增长是有限度的，而且，增长应该受到规范。在问题严重的今天，人类已经注意放任的经济增长的危害，试图为经济增长附带一些限制条件。各国政府限制污染的排放，禁止对生态资源进行掠夺性的开发。国际上禁用破坏臭氧层的氟利昂等也是这方面的努力。但是，让人们改变对经济增长的看法还任重而道远。目前，对全球生态环境影响最大的经济活动是工业生产中二氧化碳的排放。在经济利益面前，谁也不愿意放弃经济增长。

经济增长到底是为了什么？都说是为了人类的幸福。但是仅仅靠经济增长就能给人带来幸福吗？不错，人在饥寒交迫之中是不会感到幸福的。问题是现代人已经拥有了大量的物质资料，特别是发达国家，可以用物质充裕来形容，但是人们仍不满足。人不应该只追求物质的享乐，仅仅物质的充裕也不等于幸福。人是有精神的，人的精神并不仅仅是人谋取物质资料的工具。精神有它自身的追求。人的幸福、人生的意义只有在精神的追求中才能体现出来。一则西方的寓言讲，一个富翁住在他的豪宅里，不感到愉快，而是空虚苦闷。他的邻居，一个几近乞丐的穷人倒是笑口常开，歌声不断。富翁非常羡慕，要求和穷人换一换。富人住到了穷人家，穷人住进了豪宅。结果是那个穷人先受不了，他在豪宅里患得患失，一点也不感到快乐，所以他决定回到他原来的地方。在物质充裕的今天，人类应该考虑导向精神的追求，从而克制一下经济增长的冲动，为生态体系的和谐和人类的可持续生存和发展保留充足的空间。

第三，市场需要控制。

生态环境问题要求我们限制经济增长，在国际上，各国都希望多限制别人，少限制或者不限制自己；在国内，各个企业都不愿意承担生态环境方面的责任，从而最大化地获取利润。这一切都是为了利益。自人类社会产生以来，人们就为利益而争斗。原始人就开始进行部落间的战争，争夺地盘，抢掠对方的食物和女人。农业文明时代，小农是社会的基石，他们为求得温饱而劳作；贵族、官僚凭借权力扩张自己的利益，侵蚀小农，带来社会周期性的动荡。工业文明时代，利益的争夺开始有了一个相对独立于暴力和政治权力的场所——市场。在市场中，人们有了一个名义上平等的追逐利益的权利，只要遵守市场的规则，原则上每个经济主体都可以谋取自身利益的最大化。之所以说，市场上的平等是名义上的，是因为，市场上有穷人，有富人；有发达国家，也有发展中国家，它们在市场游戏中的起点不一样，游戏的结果注定也是不平等的。但不管怎么说，市场确实提供了一夜暴富，落后国家赶上所谓先进国家的范例。因而，市场像一块磁石，把各色人等，各个民族、国家或地区都吸引在一起，让他们在这个场所，为利益耗尽他们的一切聪明才智。近代以来的社会，人们之所以拼命追求经济增长，其目的很大程度上在于追求在市场游戏中的优势地位，从而获取自身利益的最大化。

现代意义上的市场不是一个简单的交易场所，而是一种经济制度。这种经济制度，不同于以往的自然经济。自然经济是封闭式的，主要经济活动直接是为了家庭或庄园内的消费服务的，商品交换只是一种补充。在市场经济中，经济活动是开放的，任何经济主体经济活动的直接目的都不是直接的消费，而是为了交换。市场经济制度就是围绕交换进行的一切经济活动的总和，以及支持这种经济活动的规则体系。市场经济首要的规则是一切经济主体地位的平等。如果交换者之间地位不平等，一方总是凭借其特权剥夺另一方，交换就无法持续进行下去。所以，在法律面前人人平等就是市场经济时代最响亮的口号之一。但是，在市场经济中的这个人，不单单是个人，甚至主要已经不是个人，而是所谓法人。即像一个人那样进行经济活动的实体——企业。

企业是远比个人或家庭强大得多的经济实体。这里的强大不单是说企业支配的资源比个人多，而是说企业是一个组织起来的体系，它的内部结构是按照利润最大化的要求建立起来的。所以，企业制度是现代市场经济制度的一个重要组成部分。在这个制度中，股东是企业的所有者，他们监控着企业拼命追逐利润。企业在严格管理中，提高效率，控制成本，最大限度地获取利润。

市场经济的另一个重要规则是它的信用规则。大规模的市场交换是以货币为基础的。为了应付复杂的市场需要，货币服务业应运而生，信贷、股票交易、保险等大规模金融活动成为市场经济不可或缺的重要组成部分，相应地也形成了同这种金融活动相适应的信用规则和信用制度。在这种规则和制度下，货币成了财富的象征。在绝大多数情况下，经济活动就像是追求货币的活动，以至于人们忘却了经济活动的最终目的是为了人类的福祉。

市场经济的积极意义在于它是一种优化资源配置的手段。市场像一个巨大的风向标，指引着企业的经济活动。市场有什么样的需求，企业的经济活动就指向该种需求。所以，市场能够引导企业按照社会的需要进行生产。如我国自20世纪80年代以来，人民生活水平提高，对家用电器的需求猛增。这时，彩电、冰箱、洗衣机、空调价格高昂，刺激一大批企业投资生产这类产品。而在激烈的竞争中，产品价格逐步下跌，这些所谓高档消费品逐步走入寻常百姓家。这样，人力、物力资源就从生产过剩的行业流向社会急需的行业，满足了社会需要。更为重要的是，在市场竞争中，那些成本低、质量好、效率高的企业脱颖而出，劣势企业被淘汰。这样人力、物力资源就流向优势企业，使社会生产效率不断提高。并刺激企业不断改进技术，以求在激烈的市场竞争中站稳脚跟。

这种情况也发生在不同地区、国家之间。某一地区或国家在某种商品生产或服务中具有较高的质量和效率，与之相关的人力、物力资源就会流向该地区或国家，这样不同的地区、国家都从事本地具有相对优势的产业，地区间、国家间实现经济互补，实现所谓双赢。这就是亚当·斯密提出的国际分工理论。

良好的市场经济应该是生产、服务与消费需求平衡发展的经济。但是，市场经济对生产的调节是一种事后诸葛亮式的调节。比如，由于彩电、冰箱价格高涨，大量企业从国外引进了上百条生产线，生产能力远远大于社会需求。所以，许多企业都在竞争中被淘汰了，这些生产线也被闲置起来，造成很大的浪费。如果有大量的企业错误的判断，盲目的生产，市场甚至会通过经济危机的方式进行调节，那样的浪费和对社会稳定的破坏是非常巨大的。所以，马克思设想用计划经济取代市场经济，通过事先的计划，避免生产的盲目和资源的浪费，避免社会的危机和动荡。然而，社会的经济活动过于复杂，人们的需求更是复杂多变。起码在人类目前的经济手段下，对经济全面、细致的计划实际上达不到预期的要求，反而窒息经济发展的活力。所以，社会主义国家，目前也大力发展市场经济。那么，这是否意味着我们对市场这只看不见的手放任不管，听凭它按照自己的性格任意而行呢？

市场经济对资源的优化配置是按照利益最大化的要求进行的，即最小的资本投入，最大的利润回报。所谓效率，就是资本收益的能力。所谓时间就是金钱，就是这种利益最大化要求最诱人口号。通俗地讲，在市场经济中人们都是冲钱去的。市场不断地扩张，现代社会中几乎所有的方面都与市场发生一定程度的联系。钱成了最重要的东西。有句俗话近年来特别流行：钱不是万能的，没有钱是万万不能的。这句话的重点是后半句，它几乎已经否定了前半句。问题是，社会的目的不是冲钱去的，市场本来也只不过是社会的手段，但现在它们好像都成了目的。当全社会都来追逐这种市场利益，人类就变得盲目、目光短浅，忘却了社会发展的本来追求。这时，人类的发展必然失衡，生态环境问题就是这种失衡的表现。市场经济与生态环境破坏的关系主要有两个方面，对外部不经济性的无视和它所引导的过度消费。

所谓外部不经济性问题与企业在市场上追求利润的本能紧密联系在一起。企业要想获得利润，首先必须有资本的投入。投入的资本在市场竞争中就构成了企业经营的成本。只有在市场上获得超过成本的收益，企业才能获得利润。资本家只会把那些为赢利必不可少的投入计入成本，而那些本应由企业负责，但是却可以转嫁给社会的投入则尽量逃避。最明显的就是企业在生产中产生的废弃物、污染物，这些东西的治理也是要付出代价的。由于在许多情况下，废弃物、污染物的排放、治理的责任难以明确，企业往往心安理得逃避这方面的责任，不将其计入企业经营成本。企业获利了，社会付出了代价，这就是外部不经济性。根据现代人的研究，少数古典经济学家曾经讨论过所谓“外部不经济性”问题。譬如，一个工厂的煤烟污染了邻厂的窗户，或上游工厂排出的氯气毒害了下游的鱼类等。一个企业虽然自身避免了损失，却使别的企业或他人受到损害。这些经济学家也曾提出过补救办法，如处以公害罚款，或污染税等。但是，直到今天，外部不经济性问题仍然不是经济学考虑的核心问题，而且由此产生的生态环境问题却日益突出。

随着市场经济的扩张和发展，外部不经济问题逐渐扩展为区域间、国家间的问题。每个地区、每个国家都想发展经济，它们也都有一个投入问题。面对本地区、本国的生态环境问题，大家也都愿意投入治理。但是如果危害涉及别人，那就尽量让他人投入。由于大家都是这样的心态，一些公共领域的环保问题日渐突出。比如，我国大江大河的生态环境问题，长江、黄河、淮河等都流经数省区，每个地方都希望上游地区少排污，自己则尽可能多地向下游排污，结果污染越治理越严重。太湖、巢湖的治理也存在类似问题。国家间，二氧化碳的排放问题也体现了外部不经济性。二氧化碳、二氧化硫在空中漂浮，没有国界，酸雨、温室效应危害的是大家。在这种情况下，谁也不愿意损害自己的经济利益而对二氧化碳的排放负责。

市场经济的一个显著特点是它和消费的密切关系。在自然经济中，生产什么，就消费什么。而在市场经济中正好与此相反，是消费什么，企业生产什么，是一种消费引导型的经济。市场经济中的企业，是建立在机器大工业基础之上的，从机械化到自动化，生产能力日益强大。对企业来说，问题主要不在于生产能力，而在于生产出的产品是否能卖得出去，而这一点就取决于生产出的产品是否适合社会的消费需求。一个企业，生产能力再强，如果产品卖不出去，它也会被市场淘汰。对一个市场经济社会而言，如果它的消费萎靡，经济一定不景气。近一两年来，“拉动内需”这一说法在媒体中不胫而走，实际上反映了我国市场从一个消费顶峰回落之后，经济增长放缓的现实。要想在市场经济中保持快速的经济增长，旺盛的消费是一个重要的条件。雷锋“新三年，旧三年，缝缝补补又三年”式的艰苦朴素作风在市场经济中被认为是不合时宜的。一些人振振有词：都这样的话，纺织、时装行业还怎么发展？所以，市场经济一反传统社会勤俭节约的美德，创造出了鼓励高度消费的消费文化。时尚、品牌和广告是我们这个社会刺激消费的手段，现代人越来越沉浸于它们所营造的消费氛围之中，追逐所谓的高消费和消费品位。

时尚：打开报纸，你会读到一个时尚栏目；看电视、听收音机，你会看到、听到一个时尚节目；网上冲浪，你会在各网站发现一个时尚频道。在一个市场经济社会中，时尚和流行歌一样是一个流行的话题。最新的技术、最新的款式、最新的功能，所有的产品儿乎都有时尚的追求。家具、家电有时尚，保健品、食品也有时尚，更不要说化妆品、时装了。时装，特别是女性时装，（当然，男性时装近年来也有燎原之势，不过一时半会儿还难以与女性时装媲美）简直像流行感冒一样具有传染性和流行性。当春天刚开始的时候，服装设计师就煞有介事地发布秋天的流行色和流行款式；炎热的夏季当然要为冬天打算，好让各位时尚的追求者提前做好准备，以免错过流行趋势。如果你谈“新三年，旧三年”会被看作一个傻瓜，起码也是不够品位。这种情况下，我们花钱购买、消费的是时尚。时尚不断变换，我们就要不断地花钱。问题是，这还不是简单的个人花钱的事。整个社会在为时尚生产，而不是为社会的必要消费生产。大量的资源就为这种时尚消耗掉了。在这种情况下，你能指望降低资源的耗费，减少对自然生态的索取吗？

品牌：品牌是那些始终与时尚潮流为伍的企业为我们提供的产品。品牌首先是质量的象征，没有良好的质量是难以创出名牌的。而质量是靠资源的投入和严格的管理来保障的。所谓“用料考究”、“不惜工本”都意味着大量资源的投入。我国某著名冰箱品牌，企业在创业之初，曾生产出几台有一些小毛病的冰箱，企业领导，不顾一些人的反对，毅然决定将这些冰箱销毁，从此，该冰箱名声大振。从这个例子中，我们可知，高质量的品牌也是靠不合格产品的严格自我淘汰来保证的，这无形中也就增大了资源的消耗。

高质量的产品还必须有与之相称的包装才能成为名牌。这是现代市场经济不同于农业社会中商品生产的一个重要方面。农业社会中的一个百年老店，靠世代积累掌握了一门独到的技术，生产出独特的产品，是非常不容易的。一旦出了优秀产品，很快会被大家认可。所以有“酒香不怕巷子深”的说法。但是，在现代市场经济中，产品多如牛毛，依靠现代科技与工艺，达到良好的质量亦非难事。产品能否吸引人，在很大程度上要依靠它的外表。据说，中国的茅台酒在清末第一次参加国际博览会时，被淹没在众多产品中，无人问津。一个职员灵机一动，故意将一瓶酒摔到地上，一时酒香四溢，引得众人赏识，从此名扬海内外。所以，现代人说，“酒香也怕巷子深”，你必须把你的好处展现出来。我国过去出口精美的工艺品，用粗糙的木箱、稻草捆包，被外国人视为大路货，卖不了好价钱。我们也开始被迫注意产品的包装。现在，在世界范围内包装成为一个巨大的行业，在大学里，还开设有包装专业。所以，在你购买这些名牌产品时，你有相当大的一笔钱是为包装支付的。而这种徒有其表的包装也耗去了我们大量的自然资源。更为重要的是，现代工业提供的高质量品牌产品，主要是靠产品的精加工工艺完成的。这种精加工工艺，更是耗费大量的资源。

广告：时尚、品牌是通过广告进行塑造的。广告是市场经济的一大特色。所有的成功企业都有一套行之有效的广告策略。一句广告词，一个形象，马上让人们想起一种产品。相信许多人都会有这样的体验。粗俗的广告像地毯式轰炸一样，通过媒体把一种产品强加给人们的感觉器官，在电视、广播、报纸上重复该产品的名字和那令人生疑的功效。虽然人们对此极为反感，天长日久还是留下了印象，在消费中不知不觉地选择该产品。高级一点的广告试图通过俊男靓女的青春气息和绅士、贵妇的高雅，营造一种高档的时尚、生活品位和幸福的模式，在潜移默化中，让你为这种品位和高档付出更大的代价。总之，广告就是让你多多地消费。不幸的是，现代人的消费正好被广告左右着，人们都在进行着超出必需的，甚至是浪费的消费。在这样的消费中，人的物欲并没有被满足，因为广告在不断刺激着人们追求新的时尚。更为可悲的是，这种奢侈的消费并没有给我们带来广告所暗示的幸福。美国环境主义者艾伦·杜宁出版了《多少算够》这一环境与消费问题的专著，给我们描绘了这种消费与幸福的悖论：“具有讽刺意义的是，高消费在人类关系中也是一个复杂的赐福。生活在 90 年代的人们比生活在上一个世纪之交的他们的祖父们平均富裕四倍半，但是他们并没有比祖父们幸福四倍半。心理学的研究表明，消费与个人幸福之间的关系是微乎其微的。更糟糕的是，人类满足的二个主要源泉——社会关系和闲暇，似乎在奔向富有的过程中已经枯竭或停滞。这样在消费者社会中的许多人感觉到我们充足的世界莫名其妙地空虚——由于被消费主义文化所蒙蔽，我们一直在徒劳地企图用物质的东西来满足不可缺少的社会、心理和精神的需要。”

人们的幸福没有增加多少，但是经济却被引向更大的资源消耗方向。企业追求所谓高附加值生产和经营，深加工成为流行的生产方式和消费方式。而这种深加工往往是一种得不偿失的资源浪费。美国学者杰里米·里夫金、特德·霍华德在他们的著作《熵：一种新的世界观》中给我们描绘了美国人为了吃上英式松饼而耗费的周折：

（1）以非再生资源造出的卡车在矿物燃料的驱动下把小麦运至（2）一家大型集中化面包烘房内，各式各样的机器以极低的效率完成了精选、加料、烘烤和包装等制饼程序。在面包烘房里，麦子首先被（3）精选，常常还要被（4）漂白。这些过程能做出香喷喷的面包，但也从面粉中夺走了重要营养成分，所以（5）要在面粉里加进抗癞皮病的维生素：铁、维生素B。然后，为了保证这些松饼能够经受长途卡车的跋涉，并能在仓库里搁置多日乃至几个星期，就要加入起防腐作用的（6）乳酪铬和（7）面团促进剂，如硫化钙、磷酸单钙、硫铵、真菌酶、溴化钾、碘化钾等。然后，面包受到（8）烘制，并被置入（9）纸板箱内（10），为了在货架上吸引顾客，纸板箱要印成彩色的。盛有松饼的箱子被置入（11）塑料口袋（石化产品）内，封口要用上（12）塑料绳（它的制造要消耗更多的石化原料）。然后，松饼箱被装进（13）一辆卡车里，卡车把松饼箱运到（14）装有空调的零售店里。最后，（15）你驾着两吨重金属造的汽车到零售店买松饼，接着又原路返回。到家后（16）把松饼倒进面包烤炉里。一切完成后，便扔掉纸版箱和塑料包装物，后者作为（17）固体垃圾必须受到处理。我们做的所有这些不过是为了获取每道松饼产生的130卡热量。不仅这整个过程花掉了成千上万能量卡，而且，医学也证明，精制面包因含有化学添加剂和缺乏纤维素而有可能对人体造成严重的危害。最后，制饼过程中逐渐加进的能量和生产各环节浪费掉的能量相比，是微不足道的。

在一个小小的松饼消费中，农业、运输业、化学工业、能源工业、食品业、商业，甚至汽车工业等都牵涉进来了，每个行业都从这个市场上分一杯羹，大家都获得了利润。但是，这种对资源的过度消耗能持久吗？市场经济并不考虑这个问题，它反而以其固有的方式鼓励这种消耗，因为只有在这种消耗中各经济主体才能实现利益的最大化。如果要抑制消费，会出现什么情况呢？首先，零售业开始萧条，工业、农业、交通运输业接着受到打击，服务业也会萎缩，能源、原材料消耗的增长则会放慢。所以，哪一个国家都不会这样做，因为在世界市场经济竞争中，这无疑等于自杀。所以，消费指数，就是衡量一个国家或地区居民消费热情的一种统计指数，成为许多国家衡量经济是否健康发展的晴雨表。一旦该指数下滑，居民消费热情减退的迹象，政府就会想尽一切办法来阻止这种情况的发生。又是降低存贷款利率，又是减税，鼓励出口，扩大内需，总之，只有大家都燃起充分的消费热情，政府才会放心。

我们的资源、生态环境不允许我们以今天这种方式对自然施加压力，而市场经济又鼓励我们无止境地消耗各种资源。问题很明确，市场经济有问题。当然，我不是说放弃市场经济退回计划经济甚至是自然经济中，这从各方面考虑都是不现实的。但是，我们也必须对市场经济有一个正确的态度。市场经济是我们社会发展的手段，它应该是服务于人的。现在它倒成了我们的主人，政府、企业、个人都被市场经济的贪婪本性所左右。在市场经济的追求中，人们往往忘记了对自身真实追求的思考，把利益当成唯一的尺度，幻想能在这种利益的追逐中走向幸福，而实际上我们却被引导着走上一条危险的不归路。现在是我们对市场经济彻底反省的时候了，现在也是我们采取措施控制和驾驭市场经济，而不是再被它所控制和驾驭了。

第四，科学需要规范。

人类一诞生，就开始积累知识，而且，凭借知识在自然界中生存。近代以来科学知识与古代知识重大的差别在于，古代知识要么是一种简单经验的积累，要么是一种冥思苦想式的猜测。现代科学则把系统的观察和实验与规范的理论思考结合起来，形成具有可预测、可检验的知识体系。近现代社会知识在生产中发挥作用与古代社会中知识发挥的作用也有重大差别。

古代社会生产中的技术往往是直接生产经验的积累，这种技术与当时社会的理论知识没有直接联系，所以技术改进的速度极为缓慢。20 世纪 70 年代，我国出土了一架汉代的犁铧，考古学家惊奇地发现，这架犁铧与当时我国农村仍然广泛使用的犁铧几乎一模一样。人们当然可以惊讶于我国古代劳动人民的智慧，但是，另一方面，这不也说明两千年来，这种农业耕作技术没有实质性的发展吗。为什么出现这种情况呢？根本的原因在于，古代社会的理论思考与生产技术是脱节的。理论思考的兴趣，要么像亚里士多德那样只是为满足人类的好奇心，要么像孔子和苏格拉底那样只注重人伦道德，而不屑于物质生产这种“小人之事”。在这种情况下，生产技术的改进只是依靠经验的积累，而农业生产的经验，年复一年，具有循环的性质，所以，很难有新的经验推动技术的发展。

科学的发展则开创了一个知识与生产技术结合的崭新时代。科学彻底祛除了工业时代以前蒙在自然身上的神秘面纱，人们不再像以前那样，对自然万物怀有一种深深的敬畏之情，人们把自然看作无知无欲，应当被人利用的对象；人们坚信只要掌握了自然的规律，就能够改造自然，使自然处在人的驾驭之下。在农业时代，人类也改变着自然，但这种改变仍然是在自然生态循环的范围之内，所以还谈不上人对自然的改造。真正对自然的改造，是人类基于科学的基础上，打破自然原有的循环，重新组合自然力量，使它们按照人的目的运转。

近代科学自其诞生以来就与“知识就是力量”这一口号联系

在一起，征服自然、改造自然是其明确的目的。许多的科学家、工程技术人员自觉致力于将科学知识转化为生产技术，从而使现代生产技术的发展有了一个系统知识的支持，人类物质生产能力进入了一个崭新的阶段。马克思认为，工业文明在其诞生不到200年时间内生产的物质资料，比此前一切社会生产的物质资料的总和还要多。所以，科学技术提供了近现代社会大规模消耗物质资料的可能性基础，它们也是人类大规模改变自然生态的基础，从而它们也是我们今天面临生态环境困境的诱因之一。

人类在近现代科学基础上改造自然的第一项重大成就是第二次工业革命中电力的使用。第一次工业革命与近代科学基本无关，这不是说类似蒸汽机之类的发明是不符合科学规律的，而是说当时科学规律的发现与此关系不大。很多人认为，正是能量守恒与转化规律的发现，才有了蒸汽机的发明，也才有了第一次工业革命。这实际上是一种误解。早在人类知道能量守恒与转化之前，人类已经知道蒸汽是一种巨大的动力，古希腊人就有过利用蒸汽动力的设想；而且，在瓦特之前已经有了简陋的蒸汽机，瓦特的贡献在于他发明了活塞，使蒸汽机的效率大幅度提高，为工业发展大规模利用蒸汽动力奠定了基础。而活塞是一个机械装置，与能量守恒与转换定律没有直接关系。

电力的运用则与此不同。自然界也存在的放电现象，小到日常生活中人们遭遇的静电，大到暴风雨时的雷鸣电闪，人类对电早已有所认识。但是，静电的能量微不足道，雷电却是短时间内超巨大能量的释放，除了造成破坏之外，在可预计的将来还难以为人类所用。科学的诞生改变了这种状况。从富兰克林对放电的探索开始，人类逐步建立起完备的关于电的知识；特别是法拉第关于电磁感应理论的研究，使人类具备了稳定的、均匀的电力供应的知识基础，使得电力的广泛应用成为可能。两次工业革命都使人类获得了自然界无法提供的持续的巨大动力，都体现了人对自然的改造。所不同的是，第二次工业革命完全是奠基在近现代科学的基础上，开始了科学与工业的真正结合。从此，人类开始在深层次上干预自然，生态的裂变正是建基于这种深层干预之上的。因此，对生态环境问题的反省必须对科学、知识问题进行反省。

科学带来了今天的工业成就，科学带来了今天人类的生活方式。与工业文明之前的人类相比，享受工业文明成果的人们已经免于饥饿、大规模瘟疫流行的折磨，享受着充裕的物质资料。他们吃得越来越精致，穿着打扮越来越体现时尚的潮流，他们的居室里有空调，他们出行有各种各样的交通工具，他们有越来越发达的医疗保健体系，所以，人均寿命越来越长。这一切都离不开科学技术的进步。当然，亚洲、特别是非洲还有大量的饥民和灾民，他们生活在极端贫困之中，衣不蔽体，食不果腹，饱受疾病之苦，许多人无家可归。但这被认为是因为他们没有进入工业时代，尚未享受到现代科学技术的成就；一旦，他们进入工业文明体系之中，享受到科学技术的赐福，一切问题就会迎刃而解。在这种情况下，科学在人们的心目中是一种纯粹积极的力量。不错，科学确实是一种积极的力量，前提是，它被人类正确地理解和利用。

哲学家认为，科学作为客观知识体系是价值中性的。这句话的意思是说，科学作为真理是一种事实判断，而不是价值判断。也就是说，科学回答的是研究对象“是什么”的问题，并不回答，人们“应该如何”的问题。举一个例子，爱因斯坦广义相对论的著名公式，$E = MC^2$，它揭示了物质、能量之间的转换关系，即在一定条件下物质可以转化为能量。人类既可以根据这一原理和平利用核能，也可以根据这一原理制造出能够毁灭人类的核炸弹。不幸的是，这一原理首次在人类活动中变为现实，正是原子弹的爆炸这一战争目的，而且直到今天，人类用于战争目的的核利用程度，远远大于对它的和平利用。科学，也包括技术，可以被不同的人用于不同的目的。德国希特勒虽然迫害犹太人，但对爱因斯坦这位犹太科学家的发现却不敢掉以轻心，有迹象表明，“二战”中的德国人积极地研制原子弹。正是由于此，美国科学家，还有爱因斯坦才敦促罗斯福总统批准原子弹研究计划，并使这把达摩克利斯之剑悬于人类的头顶。诺贝尔研制出了炸药，他的本意是用这种威力无比的东西采矿、开路，造福于人类，但是炸药成了战争中杀人、破坏的利器。失望的诺贝尔只好设立和平奖来告诫世人，安慰自己。虽然从人类探索科学知识的初衷来看，科学应该是一项造福人类的事业，但是，在事实上，它存在着被不恰当地使用，从而危害人类自身的可能。所以，科学的发展也是需要谨慎的，因科学而产生的力量更是不能滥用。被滥用的科学就不再是积极的力量。

“知识就是力量”，这句名言只有适当的理解才是正确的。知识并没有产生一种自然之外的力量，它只不过是管窥蠡测式地看到了自然力量发挥作用的一般。人类就利用这样的知识，试图按照人类自己的目的重新组合这些力量，使其为人所用。问题是，人类的力量与自然的力量相比，实在是太渺小了，虽然人类试图用科学知识来把握自然力量，但人类从来也不可能具备关于自然的完备知识，所以，人类任何时候也不可能完全掌握这种力量。

古希腊神话中有这样一则故事，太阳神阿波罗在人间有一个儿子法厄同，这个孩子为了向世人证明他是神之子，恳求他的父亲阿波罗让他驾驶太阳车巡游一天。阿波罗警告法厄同，充满火焰的太阳车危险、难以驾驭。但是，固执的法厄同还是驾起了太阳车。开始，一切倒还顺利，但不久这个凡人就控制不住了。太阳车偏离了预定的轨道，烧毁了森林、草原，烤干了河流、湖泊，连大海都在烈日下变小了。最后，法厄同从太阳车上跌落下去，摔死在大地上。人类玩弄科学，是否像法厄同试图驾驭太阳车那样，是在试图利用他们所难以控制的力量呢？科学对自然的认识越是深刻，人类越是有可能利用巨大的自然力量，危险也就越大。

一开始，科学像是为人类展示了一个充满魅力的魔方：在看似变幻无穷的自然现象背后，有着起支配作用的规律；人类依照这种规律对自然进行重新组合和利用。机械、矿物、电力、化工、新型农业等蓬勃发展起来。一时间，人类认为自己取得了对自然的胜利。但是人类真的胜利了吗？恩格斯在19世纪就非常有远见地指出："我们不要过分沉醉于我们对自然的胜利。对于每一次这样的胜利，自然界都报复了我们。每一次胜利，在第一次确实取得了我们预期的结果，但在第二步和第三步都有了完全不同的出乎意料的影响，常常把第一个结果又取消了"。如前章所述，DDT正是现代科学的产物，它的诞生一时间曾造福于我们。DDT杀死了农作物的害虫，粮食产量大面积提高，多少农民改善了生活；DDT还用于消灭蚊蝇、臭虫，遏制了多少瘟疫的流行。但是，大量的使用带来长期的严重后果，今天我们不得不又禁止它的使用。类似的例子还有不少。塑料的发明，使我们获得了一种便利的材料，谁能想到它造成的污染成了令人头疼的问题。氟利昂制冷设备的发明大大提高了我们的生活质量，谁又能想到它破坏臭氧层，严重威胁整个生物圈的存在。

科学不断深入地发展，并且在20世纪发生了更深刻的变化。爱因斯坦这位科学巨人和其他一些科学家把我们带入了更深层次的物质领域，为我们展现了新的能量来源，新的物质材料，新的技术前景。但是，这种新技术前景的最早实现却是通过原子弹爆炸这种军事用途出现在人类面前。更为恐怖的是，在美、苏两大集团冷战时期，大量的人力、物力资源被消耗掉，用于核武器的研究，两大集团都拥有足以毁灭地球几十次的核炸弹。人类在这种惶惶不可终日的威胁中度过了近半个世纪，人类正是这样在玩弄一种他们难以控制的力量。今天，核战争的威胁大大降低了，但是那些核武器仍然存在，谁能说它们不是潜在的威胁？

生物基因技术被认为是继信息技术革命之后新一轮技术革命的方向。小小的基因，被认为是包含了生命的全部奥秘。据说，包括人在内的各种生物的特征、习性、疾病等都是由基因决定的。一开始，生物学家只是通过杂交、对种子进行刺激，诱发基因变异，以获得优良品种。随着基因技术的进一步发展，人们已经不满足于此了。生物学家试图描绘出各种生物的基因图谱。进入2000年，人类终于有了重大的突破，在完成了对植物基因的排序工作之后，科学家在世界范围内分工协作，完成了人类基因的测序工作，描绘出了第一张人类完整的基因图谱。这当然是人类认识的进步。然而，人类的基因研究不是仅仅为了满足好奇心，而是要利用认识改造自然。具体说，就是要改造生物，改造人。这里当然有一个看似美妙的前景，经过改造的作物，优质、高产，不生病虫害；经过改造的人更加健康、聪明、长寿。但是，我们对此也有疑问。自然生态体系中的生物是亿万年来自然演化的产物，基因技术则可以在数年之内大量地改造生物体，这种改造除了造福于人类之外，会不会给我们留下隐患？不久前，我曾读到一则报道，称可以通过基因技术培育出不生病害，“害虫”不吃的作物品种。看到这则报道，我的第一反应是感到恐怖。我想如果这一理想得以实现的话，那么，这些“害虫”岂不要灭绝，那么以这些“害虫”为食的那些“益虫”、“益鸟”岂不跟着遭殃，整个生态体系的一系列环节是否会受到致命的影响？也许，我是杞人忧天，这种危险也许由于自然界能够自行调整。但愿如此吧。然而，自然界亿万年演变的产物，人类在短时间内进行改变，必须是需要特别慎重的事情。

近年来出现在各种媒体中与基因相关的生物技术是“克隆”技术。动物都是通过雌雄两性方式繁殖的，繁殖的后代的基因来自于父本、母本两个方面。而克隆则是通过基因技术，分裂、培育出与原生物基因一样的新生物。克隆技术的好处也是诱人的，它不仅能够帮助人类培育优良品种，拯救濒危物种，更重要的是它能够为人类医学提供莫大的帮助。利用人体细胞克隆人类早期胚胎，从中提取未经完全发育的干细胞，能培育出各种人体组织，如骨髓、脑细胞、心肌甚至肝、肾等器官等，它们可被用于治疗白血病、帕金森氏症、心脏病和器官衰竭等病症。这些组织与供克隆用的人体细胞具有相同的遗传特征，如果向提供细胞的患者移植这些组织器官，则不会产生异体排斥反应，具有很高的医学价值。但是，如果克隆技术被滥用，那后果是不堪设想的。两性繁殖是生物基因多样性的基础，而基因克隆出来的是具有同样基因的生物，滥用克隆技术有减少基因多样性的危险。特别是克隆技术如果运用于人自身，对人类的未来会产生难以估量的影响。可以说，基因、克隆技术是隐含着比原子技术更大危险的技术。所以，世界各国的科学家、政治家和公众既对基因、克隆技术充满了好奇，又保持着一定程度的慎重。这种慎重是必不可少的。

在这个互联网高速发展的今天，科学发展的速度更是惊人。20世纪 80 年代就有人提出知识爆炸的问题。当这些爆炸了的知识运用于实践时，必然会产生不可估量的影响。这种影响总是积极的一面给人们以深刻的印象。可以肯定的是，科学的影响总是也会有消极的一面，会隐含着某种危险。也许消极的一面和危险能够被人类化解，但是，如果我们掉以轻心，反应迟钝，也许会受到科学的伤害。所以，我们必须建立起规范科学合理发展的政治、伦理、文化的机制，有效防范科学的负面效应。

第五章　可持续发展观的提出与反思

日益严重的生态裂变使人们在触目惊心的事实面前惊醒，公众、学者、政府官员，乃至企业家都认识到必须行动起来，改变目前的状况。学者进行了全面的反省；在一些激进分子的引导下，公众开展了声势浩大的生态环境运动；一些企业家也积极做出反应，响应生态环境的标准；世界各国纷纷制定了环保法律，成立专门的环保机构应对生态环境问题。在一些局部地区，特别是在许多发达国家，生态环境恶化的趋势已经得到有效遏制，生态环境甚至是得到了改善。但是从世界范围生态环境发展的整体趋势来看，生态问题仍然是日趋严重。森林仍然正在减少，物种灭绝的速度在加快，温室气体的排放继续增多；发展中国家生态环境继续恶化，发达国家不愿意为改善生态环境状况担负更多的责任。造成这种局面说明，工业文明那种造成生态问题的体制没有发生根本的改变。要改变这种趋势，就必须从根本上入手，改造知识—机器—市场这一工业文明时期的传统发展观，确立可持续发展观。

第一节　可持续发展观的提出

可持续发展观的提出，是对近代工业化以来出现的人与自然、当代人与后代人之间相互关系的实践经验的总结。自从人类社会开始工业化的进程以来，尤其是20世纪50年代以来的世界经济发展，使经济发展与人口、资源、生态环境的关系问题日益成为全球性的问题，逐渐为人类所关注。可持续发展观的形成是社会发展理论的一次重大飞跃，是人类为了摆脱自己所面临的危机而进行的理性抉择。

我们可以从“发展”的内涵和“可持续”的内涵两个方面来理解可持续发展的含义。“发展”既指发展活动，也指活动的结果状态。从字面上看，发展意味着“进步”，这是一种狭义的理解。广义的发展指的是变化。事物发生了变化，就是发展的延伸。近来的理论研究和实际操作中，“发展”越来越被狭义化。也就是说，事物进步才叫发展。什么是“进步”？这取决于评价者的看法，而这又是与其所具有的伦理色彩分不开的。另一方面，发展的主体也有很多种理解和选择。发展的主体可以是人，也可以是社会存在或社会意识。而在社会存在中，又可以讨论诸如经济发展、社会变迁及政治革新等独立内容。这就使得发展的概念变得扑朔迷离。

“发展”被正式提出是在20世纪50年代。在此之前，人们更多强调“增长”方式。19世纪工业化过程引起产业增长，在很大程度上成为发展的唯一内涵。但是，当发展经济学家发现存在着一种“没有发展”的方式时，人们开始关注“发展”问题，并且开始用“发展”来取代“增长”。当然，“发展”最初只是对产值增长的一种内涵扩展，包括从产值扩大到产业结构的变化，也包括从经济增长扩大到经济发展，甚至扩大到政治、社会、文化的发展。因此，它不仅指经济方面的发展，还指政治、社会、文化等方面的积极变化。发展包含一定的价值判断，对于什么是政治、社会方面的“积极的”变化，各个国家、不同文化背景的民族因价值观的差异会有不同的理解。尽管如此，人们对发展的内涵还是取得了一定的共识，认为发展是改善人类生活条件，提高生活质量的过程，生活质量的提高不仅包括物质需求的满足，也包括心理需求的满足。正因为发展的内涵十分广泛，所以可持续发展具有多重目标。从总体上看，发展的目标包括以下几个方面：其一是物质生活水平的提高；其二是获得教育、就业的机会增大；其三是健康和营养状况的改善；其四是更公平的收入分配和资源分配；其五是人身安全和基本自由程度的提高。这些目标从一般意义上可笼统地概括为经济发展和生活质量的改善。

近代可持续发展的概念起源于人类对森林、渔业等可更新资源利用的认识。这一认识的深化引申到生态系统，就产生了现代的可持续性概念。因而人们用生态可持续来代替“可持续性”。将可持续性与经济、社会、环境、增长等组合起来使用，便形成了一系列的概念。要给可持续精确地下个定义是很困难的，存在着内涵不明确和容易引起歧义等问题。这是因为：在普遍意义上说，任何一种行为方式，都不可能永远持续不断下去。在一个有限的世界里，它总会受到这样那样的限制。每当人类面临这一时刻，总会意识到该有新的行为方式的诞生，并通过替代物的出现、技术的进步和制度的创新来完成。人类的历史进程已经证明了这一点，迄今为止的人类发展本身在某种意义上来说就是一个“可持续发展”的过程。但这并不意味着，人类可以永远无视或重复以往的教训，盲目认为“车到山前必有路”。事实上，自然界已经发出了“警告”，而可持续正是一种进的行为方式。此外，通常所讲的持续，只是在人类现有的认识水平上的可预见的“持续”，现实世界还有很多不确定和尚未为人所知的东西。因此，对可持续的定义不应拘泥于当前的状态，而应定义出一个范围，在此范围内可以有较大的灵活性。我们认为，“可持续”就是要保持人类以及地球上其他生物赖以生存的整个生命支持系统不会随着时间的推移，特别是不会因为人类的行为而遭到破坏或削弱，以使后代人及其他生物拥有同当代人相同的生存和发展基础。可持续发展正是在这一点上才不同于其他“发展”的定义。

可持续发展首先是人类对环境生态危机反思的结果，它深刻审视了以往社会发展所带来的灾难性后果，剖析了以往人类在人和自然关系上的理性偏执，扬弃了片面的传统发展观。它认为发展首先应当是持续的，即不应当损害后代人的对需要的满足。其次，发展应当是全面的，这有两方面的含义：一是指经济上要得到发展，前者的发展不能以后者为代价；二是发展是全人类的发展，一部分国家和地区不应当以剥夺其他国家和地区的发展权为代价。另外，从经济和文化角度来讲，可持续发展观认为发展应当是质的提高而不仅是量的积累，应当提高人类的文化水准而不仅仅是物质内容上的丰富。

从根本上讲，可持续发展观源自于人类对生态环境问题的考虑，但现在这个概念早已超出生态等范畴。在人、自然、社会的大系统中，怎样处理人和人之间的关系、人和自然的关系，以成为可持续发展中的核心问题，而其思想基础也是同这两大关系直接相关的。

1987 年，世界环境与发展委员会在《我们共同的未来》的报告中首次明确地提出了可持续发展的概念，并将其定义为："可持续发展是既满足当代人的需要，也不对后代人满足其需要的能力构成危害的发展。"这个定义又称为"布兰特定义"（当时布兰特夫人任世界环境与发展委员会主席）。这个定义有较高的抽象度，涵盖面较大；也具有一定的权威性，被广泛引用。但是这个定义也有很大的局限性。

第一，布兰特定义只强调了当代人与后代人的关系，未涉及人与自然的关系，而可持续发展的目的之一，甚至更基本的目标是实现人与自然的协调发展；

第二，在人与人的关系中，布兰特定义又把重点只放在上下两代人之间的关系上，忽视了当代人之间的关系。而在当代，阻碍可持续发展的主要因素，是当代人之间的不平等关系，即发达国家与发展中国家、地区、民族等之间的矛盾。

由于这两个缺陷，使布兰特定义不能从根本上跳出传统的以经济增长为中心目标的发展观，也没有为解决现实的不平等的国际关系提供有效的理论依据。它是一种代表发达国家利益和立场的发展观，它没有注意到同代人之间的不平等所导致的发展问题。因此，布兰特定义并没有反映可持续发展的全面内涵，更没有提出发达国家对发展中国家进行生态侵略的指责。

在理论研究中，目前对可持续发展有许多内容不尽相同的定义。很多专家、学者和实际工作者根据自己的理解和需要，从不同的角度对可持续发展的定义做了相当宽泛的解释或展开。目前，已出现了上百个不同的可持续发展的定义，以及关于定义的数以万计的论文。在张坤民教授主笔的《可持续发展论》一书中就列举了国外学者对于“可持续发展”的十几种定义；在陈昌曙教授著的《哲学视野中的可持续发展》一书中列举了国内学者对于“可持续发展”的十几种定义。一些生态学家从生态系统的观点来解释可持续发展的内涵，环境学家往往从环境资源的角度阐述可持续发展的原则，经济学家则从社会福利和经济的角度来描述可持续发展，而社会学家则往往从需求和发展过程本身谈可持续发展。在许多讨论可持续发展的论著或文章中都提到，对可持续发展至今还没有一个完全统一的界定。恩格斯在给“生命”下定义时曾说道，“在科学上，一切定义都只有微小的价值”。针对布兰特定义的局限性，可以认为，可持续发展是以人的发展为中心的人与自然、人与人的协调与永续相统一的延续不断地发展。需要说明的是，虽然伦兰特定义包含很多不确定因素，但似乎正是由于这种不确定性的存在才使得该定义具有独特的魅力。至今为止，虽然有关可持续发展的定义层出不穷，但该定义却一直是人们引用最多，最具有权威性的一个。

第二节　可持续发展观面对的基本矛盾

人们对工业文明的历史作用和功过的认识有所不同，但有一点是一致的，即都认为传统的社会经济发展模式特别是工业发展已造成了资源的过度使用，造成了日益严重的生态环境破坏，并危及人类的延续生存和发展。为了避免这种危险，必须痛下决心，转到可持续发展的新模式和新道路上来。然而，可持续发展的实现需要解决可持续发展面对的矛盾。

1. 需要发展与限制发展的矛盾

"可持续发展"作为一个专用词，属于发展的范畴，表征一种发展模式、一种发展道路或一种发展战略。仅就语法看，可持续发展中的"可持续"，只是对于"发展"的定语，在这个意义上讲发展，仅是指"可持续的"发展，讲可持续是指发展有其"可持续性"，作为一个复合词组，通常不应当把其主词和定语分割开来再并列讨论，即不能把可持续发展简单地理解为"可持续"加"发展"。

但是，为了较为具体地分析可持续发展的矛盾，比较全面地理解"可持续性"与"发展"的关系，及有助于讨论所谓的"可持续"与"发展"的两种状态，在这里，既有必要对可持续发展作全面的、辩证的理解，又有必要作一些"形而上学的"分割的探讨。从一定意义上说，我们也确实可以认为"可持续发展 = 发展 + 可持续"，或从可持续与发展这两个方面去探讨可持续发展，尤其是去解析可持续发展的矛盾。

可持续发展既讲满足需要，又要施加限制，从这点来看，可持续发展概念中的"可持续"乃是理解这个概念的内涵的关键。在这里，如果把"发展"理解为要有向前驱动，则可以把"可持续"理解为要有某种制动，理解为"对发展的负效应"和"失控"的约束；虽然在整体方向上有前进，但"可持续"与"发展"的性质和作用却并不是完全同向的。

应当说，现在的定义把可持续发展规定为满足当代需要与顾及后代权益的统一，规定为满足需要与施加限制的统一，乃是一个相当全面和准确的概括。发展当然是要满足人们的技术的手段和组织的力量来无限制地满足需要的能力，又不能不加以限制，没有限制、约束、控制，发展就没有可持续性。传统的发展模式是只追求满足需要，缺乏限制和约束，可持续发展的模式，是既要有限制和约束又要满足需要的。没有限制和约束的发展，是只顾及当代人需要的发展，是可能危害后代人权益的发展；发展而又有限制和约束，才能顾及后代人的权益，或不破坏后代人满足需要的能力。对可持续发展及关于需要和限制这两个方面的论述，也可以理解为是多重意义上妥协的结果，这既反映着经济增长动力与环境保护压力必须妥协的现实，又表现出要求人类应与自然界妥协的观点，也是持不同观点的人们之间的妥协的产物。这与本书的编写由来自不同国家专家来完成有关。书中既反映了发展中国家的观点，也反映了发达国家学者的观点。但是，这本书毕竟主要是由学者们来写作的，而且其中有不少是来自发展中国家的学者，书中对发展与可持续关系的某些论述虽然在侧重点上有点差异，但总的来说是坚持了可持续与发展并重，而没有明显偏颇。

可持续发展概念的提出是与讨论环境与发展的关系密切联系的，可持续发展主题是强调实现发展与关心环境的统一，当然也相应对“环境”与“发展”的概念作出界定。“环境”一词是难于定义的，虽然我们可以分别地讨论天然环境、人工环境、人类环境、社会环境等，也许，只要笼统地认定“环境是我们大家生活的地方”也就够了。对于“发展”的概念，理论界已有了多种解说，如《我们共同的未来》认为发展是为改善我们的命运应做的事情，并认为，不应当把发展一词狭窄地局限于由穷变富的措施，而应把它规定为“发展就是经济和社会循序渐进的变革”，认为“发展”既包括满足经济需求、消除贫困的内容，又包括满足社会需求、消除不平等的内容。这样，就使狭义理解的发展（满足经济需求、满足社会需求）与狭义理解的持续（消除贫困、消除不平等）统一起来，使发展内在地包容着可持续，使可持续内在地反映着要发展。这样，无论是对于发达国家，还是对于发展中国家，无论在理论和实际上，可持续发展都是应当和可能接受的事情。

总之，可持续发展既要有满足人们的普遍要求的发展，又要有约束性的限制以保护持续，即必须兼顾发展与兼顾需要与限制，是发展与持续的统一，满足需要与实现限制的统一。

2. 经济增长与环境保护的矛盾

可持续发展要求既满足需要又实现限制，具体些说，就是既要实现经济增长，又要保护生态环境，或者说可持续发展就是经济增长与环境保护的兼顾和统一。这样，我们就可以有三个统一，或是当代人的发展与后代人权益的统一，或满足需要与实行限制的统一，或经济增长与环境保护的统一，有了这些统一，应当说已经是非常正确、非常美好、非常理想了，人们只要是去认真接受和执行也就够了。然而，可能正因为可持续发展的理论和原则是如此合理，如此高尚，于是会引出另一个问题，即如何防止把可持续发展的要求、原则和实现的过程过于理想化。事实上，这种理想化是我们在一些著述中经常会见到的，正像皮尔斯所描述的那样：“‘可持续发展’一词之所以有影响是因为大多数人都相信它。它能够存在是因为它在环境学家和开发者的需求中建立了一座桥梁。它听起来很悦耳，持久的人类福利和经济保障，而不会遭到生态崩溃或社会灾难的践踏。它是一种忠诚，并在某种意义上几乎是一种宗教观念，类似于正义、平等和自由。”

当然，可持续发展特别是对生态环境的保护的要求，毕竟不是社会意识形态学说，更不是宗教信仰观念，实现治理环境、保护生态都是可以操作的，无非是有一定困难罢了；至于可持续发展要求的社会原则有过于理想化的倾向，那是可以另作讨论的。我们应当有可能也有必要立足于现实，来理解和实现生态环境保护的重要，并在这个基础上逐步加深对整个可持续发展理论的认识。

既可以把可持续发展作为一种理想，又避免把它过于理想化，重要的一环是要对可持续发展的矛盾和困难有清醒的、充分的和深刻的认识，我们应该注意到，在当代人发展与后代人权益之间，在满足需要与实现限制之间，在经济增长与环境保护之间，经常有诸多的两难选择或鱼与熊掌不可兼得，甚至有尖锐的对立。

例如，自然环境本身就是在不断改变的，谁也无法保证和保护其全然不变。在人类出现以前的各种生物，它们既是自然环境的一部分，又改变着它们周围的环境条件，一切生物的存在和生活都要以“侵犯”或破坏别的生物体为前提，它们也都要利用自然，乃至在不同程度上变革自然，只不过它们并没有保护其生态环境的义务或责任。在人类产生以后，就开始有了自然环境与人类环境的矛盾，自然环境是不会自动地、充分地满足人类生存和发展需求的，要原封不动地保持自然的生态环境，要对生态系统毫无破坏，要不“侵犯”一切别的生物，就不会有人类的生活；从某种意义上确实可以说，人类的生存就意味着自然界的“丧失”。可能是基于这点，有的后现代主义者就设想，如果没有人类，自然的生态圈会更繁荣——这或许是可能的，但如果真的没有人类，也就不会有这种设想了。也难怪还有的人会设想，自然界或生态系统报复人类的一种可能，就是把人类从这个系统中清除出去——这或许也是可能的，但真正可能使人类从自然系统消失的恐怕不是自然系统的蓄意报复，而是人类自己的处置不当——例如进行核大战，严重破坏自然的生态环境等。

对于自然环境与人类环境的矛盾，从最抽象的意义上还可以说，人类的文明越是不发展，自然的生态环境会越好，然而这却未必是最理想的事情，因为人们需要的毕竟是人类的自然环境或自然的人类环境，或良好的人类环境。在非洲的一些比较原始的人类生活的地方，那里虽有清洁的空气和宁静的氛围，但是，居住条件恶劣，衣不遮体，食不果腹，疾病丛生，寿命短促，绝不是一个理想的人类环境。

然而，在人类有了基本的生存条件后，特别是在近现代条件下，人类发展与自然环境的矛盾又会呈现新的态势，人类的发展不仅会导致清洁空气的缺乏和宁静氛围的丧失，而且会超出自然环境的承受力，乃至从根本上破坏自然环境基础。而且，这个矛盾常因需求的无限性和满足需求能力发展的无限性而日趋尖锐。人们的需求是没有止境的，由科学技术提供的满足人们需求的能力的提高也是无止境的，要限制这种需求无限性，限制科学技术水平提高的无限性，几乎是不可能的。就这点看，可持续发展确实是极其困难的，当然这并不意味着人口增长、经济增长在任何时候都完全不可约束和不可控制。

可持续发展的实现还有观念上接受的困难，或者说有观念的矛盾。如前所述，可持续发展已有了公认的定义，它虽然包括经济增长和摆脱贫困的内容，或者说，也要从经济看发展，但它所强调的乃是可持续限制下的发展，与人们日常所持有的发展观是不很一致的，甚至是有相当大差异的；然而，公众的日常观念尽管不十分确切，却常常比学者确定的科学概念更有力地左右着人们的行为动向，在社会实践过程中，发挥更大的实际作用。

按传统理解和一般大众所持的观念，发展总是与生产力水平的提高，与人们生活的改善和富裕紧密联系或成正比的，讲到发展或想到发展，总要讲到或提到近几年的国民经济增长速度高于前几年，讲到今年的国民收入比去年多，讲到国家实力的提高，讲到人们现在过的日子比过去强，讲到物资更丰富和市场更繁荣等。这种发展观念，与可持续发展的发展——它更讲下一代人的生存权利、条件和可能性，讲下一代的日子不该弱于这一代，与更讲环境质量的改善和公平，更讲对自然系统的保护和人类生活的延续，显然是两种不同的发展观，二者不完全是一股劲，乃至是相反的。正因为这样，人们就有可能不接受、不理解可持续发展是一种发展，乃至认为可持续发展只是名为发展，实际上就是限制发展，至少妨碍发展，减慢发展，宣传可持续发展未受到热烈欢迎可能是与此有关的。

再如，不仅是一般公众对发展和可持续发展会有理解上的不同，宣传发展理论的学者和领导发展事业的官员，他们在理解和对待可持续发展上也是不完全一致的，或许可以说，这是实现可持续发展的“主体的矛盾”中很重要的或最重要的方面。

可持续发展或实现满足需要、进行限制，都是要由人去做的，不同国家、不同地位的人对这个问题的态度和要求也常常有分歧乃至有很大出入。不同岗位或不同职业的人们对可持续发展的理解和说法就有差异，在位的政治家们可能在实际上更关心发展，学者们则往往会更强调要有可持续。在学者们中间，哲学家、社会学家、经济学家和伦理学家们的看法和着重点又会不同，经济学家可能更关心经济增长，即或在他们研究环境经济学的时候，也必然更多地关注于可持续发展的可操作性的方面，而较少强调平等或人们的愿望；伦理学家必然会更加关注于善待人和善待自然，以及自然权利问题，而较少强调可持续发展的实现需要依靠利益驱动。

更值得注意的是不同国家在可持续发展问题上的差异。发展中国家、穷国自然会更关注于发展或强调重在发展，发达国家则会更关注于可持续或强调重在可持续，以及由强调自己的可持续走向限制别国的发展。在这一个问题上，当然也可以既不特别注重于发展，也不特别注重于持续，而是要求持续与发展并重，以求统筹兼顾。这种态度在原则上正确，在实际操作上却是有困难的。

对于发展中国家，如何处理发展与可持续的关系，是一个极大难题。实际上，在这些国家很难做到发展、经济增长与持续、环境保护的真正并重，而且还可能会出现矛盾的“表现”，即口头上讲可持续发展多，实际上做可持续发展少，报刊上可持续发展的文章多，财政里可持续发展的经费少。当然，仅仅从宣传的角度看，如何在宣传可持续发展时做到尺度恰当，仍是可以探讨的，不管可持续发展的理论多么正确、多么重要，在宣传中总是要结合本国特点的，至少，在穷国或不发达国家，总不能只讲可持续发展的共性原则和要求，只讲全人类应当如何因而本国也就应当如何，即不能只用演绎法来宣传可持续发展。

主体的矛盾，还表现于实现可持续发展的操作主体或部门分工上。一个国家、一个地区或一个企业，总是由若干个职能部门来执行任务和操作的，这个国家、地区或企业虽然可能在总体上以实现可持续发展为目标，但由于它的各个职能部门在具体任务、所处地位、人员构成等方面的不同，这些部门对“发展”和“可持续”的认识和实践往往就有较大的差异，乃至会各行其是，互相对立。例如，国家的计划与发展委员会、商务部等会更关心发展，可以说它们是“发展部门”，而计划生育委员会、环保局、国土资源部等则会更关心保护或“可持续”，可以称它们是“保护部门”。这些部门的分工当然是必要的，它们之间常常也有合作，又常常在矛盾着。

3. 发展与可持续的矛盾

发展与可持续，经济增长与生态环境保护，在现实生活中常常是难以兼顾或兼容的。在这里，最突出的是效益的矛盾，这里主要是指社会效益与经济效益的矛盾，投入与产出的矛盾；或简单化地说，可以认为在这里有着“收益与付出的矛盾”、“多挣些钱与多花些钱的矛盾”、“显投入与隐产出的矛盾”和“清晰的实惠与模糊的前景的矛盾”等。

显然，实现可持续发展是要特别强调社会效益的，保护生态、治理环境都不能以追求经济效益为主要目标，但要解决生态环境问题又需要有投入，在这里虽主要不能讲经济产出，却又必须要求经济投入，就此而言，可持续发展不仅包容着投入与产出的矛盾，而且使这个矛盾表现得更明显、更尖锐。

一般地说，人们从事的一切活动，不论是经济建设、社会改革、文化教育以及持续发展，都是要有成本的，都要有人力、物力和财力的投入，在货币形态上都要花钱，不可能不用付出就得到发展，不可能不用成本就实现改革，也不可能不用投入就保证持续。在研究和宣传可持续发展问题时，也不能把保护生态环境作为社会的慈善事业，生态环境保护有社会福利的意义；但在实现可持续发展，特别在实现社会的可持续发展和生态的可持续发展时，却不能只讲哲理不讲经济，不能只求助于伦理的力量和道德的完善而忽视投入。

应该充分重视与可持续发展和生态环境保护有关的投入产出，这是一个相当特殊的问题。人们通常会认为，任何发展，总是以产出大于投入为前提的，对于经济发展，尤其要求收益大于成本，挣来的钱多于花出的钱，而不能只做赔本买卖，不能只算政治账，不算或少算经济账。我们在陈述国家或省市的经济发展状况时，总会要讲到社会产值的增加值、国民收入的增加值、商品销售额的增加值；如果出现了负增长，就不认为是经济发展，而是经济衰退。简言之，我们通常所说的发展，必须得大于失，有利可图，或在“财政收入”栏目里的数字大一点，或往口袋里多装些钱。

然而，可持续发展的情况就不这样简单了。当然，从总体上看，可持续发展也是一种发展，它要满足人们的基本需要，要使人们摆脱贫困，要提供实现美好生活的机会，当然也必须讲经济发展，而且也应当能够讲效能和效益，包括要讲增加经济收入；它要顾及后代人的生存条件，也要不断提高当代人的富裕程度。如果以为实现可持续或走绿色道路就可以多讲或只讲社会效益，少讲或不讲经济效益，这乃是一种曲解或误解。

可持续发展也必须有其产出和收益，但是，在现实生活中，在不少特定的场合，当人们重点强调发展和重点强调可持续时，当人们在具体地估计“发展项目”与“可持续项目”的价值，特别是在考虑生态环境保护项目的立项时，情况就有区别乃至尖锐对立了。我们通常理解的“发展项目”如建设一个发电站或化肥厂，较易于要求和估算其在经济上会有何种产出，及产出在何时何种程度上会大于投入，或能收回投资。然而，对于相当多的“可持续项目”，或为了“可持续”而进行的活动，却并不能明晰地看出其产出及产出会大于投入，或在相当长的时期里还只能是投入大于经济产出。“可持续项目”或“保护项目”（保护生态环境的项目）

如安装特殊设施以消除冶炼烟尘和净化排污、种植林木以制止土壤沙化、兴建野生动物保护区等，都需要相当投入乃至是巨大投入，却难于估算产出尤其是经济产出。搞“绿色项目”或为了“可持续”，人们在很大程度和相当时期里是不能从实利出发的，在不少场合，要可持续常意味着会在“财政支出”栏里多出一点数目，乃至是必须赔钱去做或要做准备赔些钱的。一些重要的可以改善生态环境的项目，常常在考虑其投入与产出关系时未获得认可。

可持续发展需要以经济投入为基础，绿色发展是需要用钱的，这可以说是实现可持续发展的基本的矛盾。它是合乎逻辑的，也是历史的现实。尖锐点看，这个矛盾表明了发展同可持续是难以兼顾的，缓和一点，也可以像有的文献那样表述为“发展是可持续的基础”或“发展是可持续的前提”。

经济发展与环境保护的两难，可以说是在“静态上”反映着发展与可持续的矛盾，发展是可持续的前提和基础，则可以说是一种动态的提法。事实上，作为一个国家、企业或个人，总要先可能有收入再实现付出，总要有多一些的收入而后才可能去“赔钱造福”，或在成为富翁之后才去兴办学堂、搞救济。当今的许多国家，也是在经济上相当发达之后，才认真关注和大讲可持续发展的，或者说它们事实上是先走了传统的发展经济道路致富，再以此为前提和基础转向走可持续发展之路的。

但是，如果确认发展是可持续的前提，或发展是可持续的基础，或者更尖锐点说要先发展后持续，问题就复杂了。

第一，这至少可能会弱化、推延可持续发展的实现。注重于赚了钱再掏钱，重视赚钱与掏钱的矛盾，在钱不多的情况下很难办事的。这时，究竟是多掏些钱去搞“持续项目”或“绿色工程”——这样就可能会影响到“发展项目”的投资和发展速度，因而可能会影响到国民收入和人们生活水平的提高，还是多掏些钱去搞“发展项目”或“创收工程”——这样就可能影响到“绿色项目”的投入，就成为难以抉择的事情。

可以认为，确认发展是可持续的前提和基础，或事实上确认了“先发展，后持续”，就使得发展与持续的两难或矛盾更为尖锐。然而，如果发展与可持续的矛盾是这样尖锐，如果可持续发展或走绿色道路就注定意味着要放慢发展速度和减少财政收入，少赚钱、不赚钱或赔些钱，这种发展又会有谁去做，又何以可能持续不断而不致成为短命、残缺、口头的东西，特别是对于发展中国家又何以保证其认真坚持走绿色道路呢？

当然，我们又必须注意到，这种“先发展，后持续”的模式虽然是合乎逻辑的，现实的，但却并非是理想的，而且还可以说是无可奈何的，未必应当特别提倡和论证。我们还必须注意到，即使是对于经济欠发达的国家和地区，也不应当或没有理由以“把发展放在优先地位”为口实，只顾发展赚钱工程，不讲可持续发展战略，不顾可持续的原则和要求，乃至放肆地破坏生态环境。

第二，这还意味着可持续发展的实现要经历一个痛苦的过程。承认发展是可持续的基础和前提，乃至“先发展，后持续”的观点，并没有什么可怕，这并没有说明发展与可持续是注意不能兼顾或完全不能兼顾的，而最多表明“发展”与“可持续”的兼顾需要一个过程，也可以说从纵向的时间历程看这里有着“过程的矛盾”。

问题不仅在于发展与可持续的兼顾需要一个过程，值得注意的或可怕的是，在这种兼顾尚未实现之前，不仅还没有真正的可持续发展，而且往往会出现另一种情况——在相当一段时间或较长时期里难以解决的恶性循环。例如由于发展不够，经济技术落后，资源和能源利用效率低，生态环境受到了破坏，而生态环境的严重破坏又会导致减产，给国民经济造成损失，从而妨碍增加技术投入。

这类不良循环，在人口与贫困的关系上有明显的表现。人口问题上有一个现象是很值得注意和分析的：在经济更发达的国家、地区和家庭，其人口增长率相对较慢，可能基本上会保持平衡乃至会出现负增长；越是贫困的国家、地区和家庭，其人口增长率反而较快，造成“越穷越生，越生越穷”的恶性循环。

这里，究竟是人口多导致国家、地区和家庭的贫困，还是贫困导致人口多，就可能是一个值得探讨的问题。在不同时期、不同民族，这个问题的具体表现也可能很不相同，但是否可以大体上确认：人口过多，必然是人均资源、人均财富少，会导致贫困；但同时，贫困也是导致人口多的原因——贫困的国家或地区，通常是农业和手工业生产占主导，劳动力的数量有最重要的意义，是主要的，即需要靠增加人口来改善经济状况。于是，就出现了经济技术不发达而人口增长快，人口压力大又导致贫困的加剧和生态环境的更加恶化。

当然，所谓的恶性循环也不是不可打破的，至少是因为这里不仅是两因素的线性反馈，还有其他因素的非线性作用。在欠发达国家，经济也会逐步发展，技术水平会逐步提高，人口出生率也会趋于合理。

第三，可持续与发展有矛盾，难于妥善兼顾，特别是讲到先发展后持续，还会联系到一个更为尖锐和现实的问题，即是否应当和可能避免“先污染后治理”的问题，这也是应当讨论或无法回避的。

事实上，在“先发展后持续”与“先污染后治理”之间，并没有绝对分明的界限或不可跨越的鸿沟。历史上已经有过先污染后治理的严重教训，一些发达国家靠“高投入、高消耗、高污染”的方式实现了工业化和经济快速增长，而后，这些国家才在“公害的鞭策”、“公众的参与”、“舆论的压力”和“法律的威慑”下转到治理环境，并积极倡导可持续发展。当然，它们走过先污染后治理道路留下的“遗产”，在许多方面至今仍是世界生态环境要解决的问题。

强调发展是可持续的基础，是保护和治理生态环境的基础，很有可能会得出发展中国家也难免走先污染后治理的道路的结论，至少会认为要杜绝先污染后治理的事件是极其困难的。事实上，在不少发展中国家，包括在我国的某些地区、某些城市，已经出现了先污染后治理的现实，某些企业甚至正在奉行着只污染不治理的做法。或者像有的人所说，当务之急首先是搞钱，别怕它脏，等有钱买肥皂再洗干净就行了！那时就既有钱又有干净！

发展与可持续的这种矛盾在现实生活中是随处可见的。在资金有限的情况下，企业在添置设备时，是首先购买生产设备，在有了利润后再购买环保设备，还是一次性同时购买生产设备与环保设备，常常会是困难的决策。对于主管部门来说，如何合理处置工业发展和环境保护的关系也常会遇到决策的困难。讲到发展是可持续的前提和基础，先发展后持续，讲到先污染后治理，会涉及所谓"发展与治理的门槛"问题，即"各国在工业化与环境治理的选择上都先后经历了'先污染，后治理'的过程，环境质量必然与其发展阶段相对应。可治理环境无不首先遇到发展的门槛，同时也将遇到大规模环境投资的治理门槛。例如，美国开始大规模治理环境污染时，人均 GNP11000 美元，日本虽较低，但人均 GNP 亦超过了 4000 美元。"有的人还从理论上证明，在人均收入少于 1000 美元时，毁坏森林是不可避免的；在人均收入少于 3000 美元时，控制污染是难以做到的。

这样一来，岂不就肯定了发展中国家或欠发达国家只能走先污染后治理的老路，或者说根本就无法避免走这条老路了吗？实质上，在这里简单或轻易地回答说一定可以避免走老路，或绝对没商量地断定必得先污染，都是不合适的，在这里需要的是充分的实事求是。

一方面，从战略上说，从方针政策的要求看，我们必须认真地、真心实意地坚持发展的原则，避免陷入先污染后治理的困难，而且，只要我们坚持不懈地努力，特别是敢于向地方保护主义开刀，是有可能不走先污染、后治理的老路的。我们不应当也不必要把保护生态环境的问题想象得过于复杂，对绿色发展的前途过于悲观，可持续与发展难以两全其美，但二者又并非是水火不容的

“对抗性矛盾”，而且，确认发展是可持续的前提，在需要经济支撑的意义上确认先发展后持续，与认同先污染后治理并不完全是一回事。实际上，有的北欧和东南亚国家，虽然也是在有较强的经济实力以后才更加重视生态环境保护，才给可持续以更多的投入，但对这些国家，却不能都纳入走“先污染后治理”道路的范畴。我国的一些经济技术开发区、高新技术产业区和工业园区，在经济上有了很大的发展，但也并没有重复“先污染后治理”的老路，至少，它们做到了以较小的环境代价换取很大的发展效益。而且，在我国，在近些年里，已有一些地方出现了“生态村”、“生态县”，还有的乡镇在很大程度上同时做到了经济发展和生态环境优美的两全，使人们看到了发展与可持续可以统一的希望。

再者，我们也不应当把经济实力与治理环境的关系绝对化，把国民收入与生态环境条件看到是完全成正比的东西。事实上，一些经济实力差不多的国家、城市或乡镇的环境状况却可能有着较大的差异。这里还有当地领导是否重视、是否愿意投入、居民素质高低等因素在起作用，正像富家未必都很整洁，而较贫苦的家庭也可能有较好的清洁卫生状况那样。

另一方面，从现实情况和能力看，我们又不能过于天真地认定，只要领导重视，只要人们有决心不走先污染后治理的老路，就一定不会出现任何先污染后治理的实际问题。我们也应当承认，所谓的“发展门槛”和“治理门槛”并不是毫无道理的，也不是只靠下决心和有决策能力就能轻易跨过的。我们现在只可能是“边发展、边治理”，只能是一方面奋力实现现代化，发展生产力和振兴经济；另一方面以积极的态度和尽可能多一些的财力去兴办绿色事业。当然，我们还必须加强对可持续发展和保护生态环境、合理利用资源的宣传教育，强化环境法制，经济实力不足不应该也不会妨碍我们以更大的力度去打击破坏生态的恶行。总之，放松对环境污染的治理，听任生态破坏和资源浪费，是非常错误的，对治理环境和环境质量要求过高，也是不现实的。我们只能一步一步地前进，不断努力实现可持续发展，走向光明的绿色未来。

第三节　可持续发展的疑难

当可持续发展已成为人类共识后，主要问题便不再是要不要可持续发展，而是如何实施可持续发展。在自 1972 年联合国人类环境会议发表《人类环境宣言》以来 40 多年的时间里，世界各国政府、领导人和学者进行了一系列讨论，签署了一系列文件，发表了一系列宣言，环境危机非但没有缓解，反而更加令人担忧。这主要是可持续发展目前面临许多不能解决或不能有效解决的难题，概括起来，可归纳为四个方面：

1. **技术疑难。**

经济学家发现，人们在从事自己的活动时是以个人为出发点的。一般来说，他们只关心自己，至于别人怎样，那是别人的事情，与我没有关系。因此，“经济人”想方设法追求个人收益最大化，并在这一过程中表现出强烈的投机倾向。然而，无数投机者在追求个人收益最大化的过程中尽管发生了人们认为必定要发生的冲突，最终结果却能趋向均衡，不仅使经济运行获得动力，资源也能得到优化配置。而这一连“经济人”自己也始料不及的结果之所以发生，是因为人们在相互博弈的集体行动中，就“怎样才是对自己最有利的”这一点达成了共识，由此形成了规则并遵照执行。其中重要的一条规则便是明晰产权。

依据这一认识，主张自由市场经济的经济学家们认为，明晰产权对保护生态环境至关重要，它不仅是生产资源优化配置的有效手段，而且是环境资源优化配置的有效手段。在他们看来，生态环境之所以遭到破坏，保护生态环境的努力之所以成效甚微，人们之所以对生态环境不够珍惜爱护，一个重要原因是因为空气、水系、野生动植物等在目前的状态下均属公共物品。这些公共物品不是生产企业按照市场交易规则提供的，而是自然赋予的；是每个人都可以消费的，却又不是必须或必然要付费的。面对有如此特点的这样一些环境要素，个体所凭依采取行动的只能是他们自己的需要，由此便会不可避免地导致外部不经济，即将废弃物不加处理排向公共领域，产生对自己有利对社会有害的结果。于是，经济学家的政策建议是：如同在生产资料领域中所做的那样，在环境领域中明晰产权，将环境要素的损耗计入生产成本，使外部因素内部化，即可保护生态环境。

尽管经济学家的政策建议有局限，如能实行，也不失为一条解决问题的途径。但恰恰在实行方面，技术上的问题使理论上的建议遇到困难：土地、林木、矿产资源等可以划分界定，空气、水系却很难划分界定。精确界定是明晰产权的前提，倘若这一前提不能保障，理论上的可能性就很难转化为操作层面的现实性。

2. **政治疑难。**

环境保护问题现在已经成为政治问题。在发达国家提供经济援助的文件中，在世界银行、国际货币基金组织的贷款协议中，常可见到环境保护的条款。发达国家要求发展中国家在经济发展中加大环保力度，限制和淘汰造成污染、破坏企业或行为。相似情形也发生在发展中国家内部，环境保护运动同样将目光盯在落后地区的经济行为上。

关于可持续发展的布兰特定义只强调了发展的代际公平，而忽视了代内公平即同代人之间的公平问题，其不足是显而易见的。当今世界，发达国家和发展中国家除在经济实力上存在巨大差距外，在资源分布和使用方面也存在严重不均匀性。发展中国家人口占总人口的 76%，但耕地面积只占世界总数的 52%，牧地草场占 60%，森林面积占 54%，天然气占 40%，煤炭储量占 19%。而占世界人口不足 1/5 的发达国家，消耗的能源、钢铁和纸张却占全球的 4/5，美国占世界人口的 4%，却用掉了 30% 的资源。发展在各国之间出现的不平衡不公平问题若不能很好解决，将使人类在面对可持续发展这一共同课题时出现意见相左，行动难以协调的局面。

应当承认，发展中国家（或落后地区）因其经济发展而造成的破坏，在全球（或国内）环境问题中正在占据越来越重要的位置。发展中国家（或落后地区）某些具有普遍性的做法，与可持续发展的要求即使不是背离的，也是相距甚远的。但发达国家的要求遭到发展中国家的强烈抵制，环保运动的呼声也沉寂于落后地区无言的对抗中。发展中国家和地区的人们并非不想保护生态环境，他们之所以采取一些抵制和反抗行动，主要基于以下理由：你们曾经污染过，你们以污染为代价来发展，过上了舒适的生活，你们通过各种渠道将你们舒适的生活展现给我们，并且常常以此讥笑甚至欺负我们，我们为什么要受欺负？我们为什么不能过舒适的生活？显然，发展中国家和落后地区是从自身强大富裕的前提出发考虑环境保护的。于是我们遇到以下问题：这种考虑有没有合理性？发展中国家和落后地区的人们有没有权利过舒适的生活？在既定的历史条件和基础上，发展中国家和落后地区的经济活动能够摆脱已被实践证明会造成环境污染和破坏的生产方法、生产方式、工艺流程、技术设备吗？如果不能，并考虑到发展中国家和落后地区人们尽快致富的心理和行为，可持续发展是难以实现的。

这是一个人与人的关系问题，它以共同富裕为取向。如果我们承认发展中国家和落后地区人们的心声有合理性，谁也没有权利剥夺他们过舒适生活的权利和自由，那么，实施可持续发展就主要是解决陈旧落后的生产方式方法、工艺流程和技术设备问题。这一问题单靠发展中国家和落后地区自己解决，要经历较长的时间，付出较大的甚至无法挽回的环境代价，因此，发达国家、发达地区应当向发展中国家和落后地区提供大量的、优惠的乃至无偿的援助。在今天的世界里，在市场逻辑支配下，对人的关系的这种调整是不太可能的。在1992年里约环发会议期间，大多数发达国家承诺提供占GNP的0.7%的官方发展援助帮助发展中国家改善环境。但近些年来这方面的援助不但没有增加反而减少了。

3. **理性疑难。**

科学家中有一部分人对生态环境的前景持乐观主义的态度。他们认为，伴随科学技术进步，人类可以对自然事物有更深切的了解，从而能够更合理地安排自己的行动；可以通过更多、更大、更有效地发明和创造找到替代资源，解决环境污染，平衡生态系统，从而实现可持续发展。

毫无疑问，科学技术是极其重要的，是实施可持续发展绝对不可或缺的；在今天的情景中，离开科学技术根本无法设想环境保护和生态平衡。然而也必须看到，今天我们所面临的严峻的生态环境问题正是人类借助科技力量造成的。机械的运用加快了树木的砍伐，开山辟路使原本一体的生态区域被强行切割成大大小小的许多格子；化学的运用释放出许多自然界成百上千年也难以溶解的有害物质；核反应堆被告之安全系数极高，物理学却不能避免切尔诺贝利事件的发生……如果说过去人类在自然面前是弱小无助的，今天的情形则已完全不同，科学技术的巨大力量已使人类强大到这种程度，其不经意的一个举动完全可能造成自然界的巨大灾变，以至于当我们面对今天特定情景中的生态环境问题时有理由说，人类一不小心，其所作所为便可能正是在借助科学技术的力量更快地为自己挖掘坟墓。

有人说，这不是科学技术的责任，责任在人类对科学技术不当的使用。但问题在于，正当使用就能够免于危害的发生吗？事实证明，不能。于是，进一步的解释是：在历史的一定阶段上，人们的认识是有限的，科学技术是有限的，基于有限的认识，运用不完善的科学技术，难以避免危害发生。这一解释的潜台词是，随着人类认识能力的提高和科学技术的发展完善，过去不能解决的生态环境问题现在可以解决。的确，人们只能拥有历史允许他们拥有的科学技术，做历史允许他们做的事情，后一代人的行动会比前一代人合理一些，因而有限的过程可以包含无限的趋向，包含未来发展希冀的内容。但这毕竟只是多种可能性中的一种，是复杂情形中的一个方面，因此我们仍有理由追问：在达到了那个被认为可以解决问题的高级阶段后，人们的认识是怎样的？科学技术是怎样的？我们显然不能说认识已经无须继续，科学技术达到了它的顶峰，因此答案很明确，人们的认识仍是有限的，科学技术仍需发展完善。不仅科学家的认识是有限的，科学技术所体现的人类理性也是有限的。这意味着，科技乐观主义者所希冀的解决其实只具有相对意义，科技高度发展阶段解决问题所凭依的仍然是有限认识，仍然是有限科技，仍然是有限理性。过去曾经因为认识有限和科技有限导致过危害的发生，将来也无法保证有限认识和有限科技不会导致危害的发生。

理性的有限性引出一个难题：实施可持续发展应当有一个标准，用于衡量人的行为怎样叫作可持续的，怎样叫不可持续的。目前人们广泛认可和接受的规定——“既满足当代人的需要，又不对后代人满足其需要的能力构成危害的发展”，仅是一个最一般意义的定义，它并没有告诉我们怎样叫作“满足当代人的需要”，怎样叫作“不对后代人满足其需要的能力构成危害”。衡量标准其实就是可持续发展意欲达到的目标，可持续发展战略不能没有目标，确定可持续发展的目标不能没有标准。然而，理性的有限性使我们无法把握一种具有确定性和普适的标准；而如果我们所依据的标准只是一种相对标准的话，遵照它而实施的可持续发展行动就始终存在背离初衷的危险。

4. **人性疑难。**

在追溯空气、水系、野生动植物等资源何以因人们不珍惜而遭受严重破坏或浪费时，可以给出两个回答：一是认识原因，即人们不了解资源的稀缺性不懂得生态环境对于自身和生存发展的重要性，故而在“自然资源无限”、“自然容纳消解废弃物的能力无限”

两种无意识支配下，集全力解决如何征服自然的问题，做出许多孩子做的事情；二是利益原因，即人们了解资源是稀缺的，生态环境对人是重要的，但从利益角度考虑，珍惜资源和保护生态环境对自己“内部不经济”，故而明知故犯。认识原因不在我们讨论之列，因为它发生在“无知之境”，不是当前的主要问题，不存在不可解决的难题。利益问题大不相同，什么事情和利益纠缠在一起便难以厘清，一种主张触及到人们的利益便难以推行。

利益是社会发展的内驱力，“人们奋斗所争取的一切，都同他们的利益有关”。利益指人的社会化的需要。需要满足是利益追求的要旨所在，“社会化的”不过是需要满足的形式，即需要通过交往在社会关系中达致满足。尽管现实中产生的需要和能够满足的需要是有限的，但在本性上，人的需要是无限的，它永远不会停留在一个水平，一种满足一旦达到，欲望之矢很快就会瞄上新的目标。利益满足体现了“为我关系”。“为我关系”对于人类来说具有天然的合理性。正是需要的不断产生和追求，造成人类社会的发展和文明的提升。问题在于，人的许多需要，特别是那些由铺天盖地的广告炒作起来的需要，那些在灌输式服务中得到满足的需要，不一定是人的真正需要。它们所制造出来的欲望的无底洞是需要填不平的。如果说人类为了自己生存发展不得不改变自然使之符合人的内在尺度，从而对原本自然生态环境有所损害是不得不付出代价的话，那么以享乐为底蕴的虚假需求实在没有什么合理性，而恰恰是它们加快了人对自然索取的速度和力度，成为可持续发展的主要障碍之一。

其实，何谓满足何谓不满足是心理成分居多的问题，它在很大程度上是人的一种感受，而这种感受是相对的。过去梦寐以求的东西，变成现实后很快就会身价大跌，过去的人不会因为没有它而痛苦，现代的人不会因为有了它而快乐；过去的人以为得到它才是最大的幸福，现代的人认为能够让自己幸福的是另外一个东西。于是我们不得不问：如果不满的满足带来的仍是不满，以生态环境为代价去填充欲望的沟壑究竟有多少意义？然而我们是难以矫正这种欲望满足的本性的。虽然可持续发展也是为了人的利益，但这里的利益是指人的长远利益、根本利益，而人们追求利益时往往注重眼前利益，要的是当下的满足，与任何当下无关的东西，在他们看来都是不真实的。这种“近视”的特征是我们难以改变的。

提出以上难题并非否定可持续发展的努力，相反，正视问题方有可能解决问题，也才是可持续发展的题中应有之意。

第四节　可持续发展的可能性

任何事物的产生和发展，都是由可能转化为现实的过程。凡具有必然性的运动变化的趋势，是必然的可能，而不是必然的运动变化的趋势，则是偶然的可能。可能是在目前尚未存在而只能在将来出现的东西。现实是指当前存在着的一切事物。凡是具备发展必然性的事物，是生长着的现实；而丧失了存在必然性的事物，是衰亡着的现实。

在同现实的联系中，可能得到进一步的规定。在必然的可能中，现阶段能够成为现实的，是当前的可能；只能在将来成为现实的，是未来的可能；在目前的条件下，具有实现可持续发展的现实依据，实现可持续发展是当前的可能。随着人们对可持续发展问题的重视和科学技术的不断发展。人类是可能实现可持续发展的，实现可持续发展是未来的可能。

可能和现实规律是事物发展过程中两个联系着的不同方面，它们是相互对立的。可能是没有成为现实的东西，现实是实现了的可能。所以，可持续发展的可能不等于现实，它只有在一定条件下，才能成为现实。如果不具备一定的条件，它就不能成为现实。不能把可持续发展的可能当成现实。列宁说：“马克思主义的政策是以现实的东西，而不是以可能的东西为依据的。”

可能与现实是相互联系的。可能存在于现实之中，现实是实现了的可能。一切现实，都是从可能发展而来的，是可能的展开，没有可能也就没有现实。

可持续发展的可能转化为现实，需要具备一定的条件，没有一定条件，可能就不能转化为现实。要使可持续发展转化为现实，除了客观条件外，还离不开人的主观努力。因为社会活动的主体是人而不是物，离开了人们的社会实践活动，可持续发展的可能不会自发地实现。要使可持续发展的可能变成现实，必须在尊重客观规律的基础上，充分发挥人的主观能动性。这就是使可能变为现实的主观条件。

依照可能和现实规律所揭示的原理，人们在可持续发展的实践中，必须从现实出发，全面分析各种可能和转化为现实的条件，使人们的行动建立在切实可靠的基础上。

人类的活动从其对自然界的影响和作用方面讲，它具有两种特性，一方面，它变革自然，使自然界具有“属人的本质”；另一方面，它又会影响自然界原有的平衡态，对其产生破坏作用。这种破坏作用在一定的程度和范围内，自然界以其特有的再生能力可以吸收和抵抗，不会导致生态环境的严重失衡而危机人的生命存在。今天所谓的生态环境危机就是自然界以疾病、死亡、动植物种类的减少、生存质量的下降等一系列方式和指标对人类的警告。显然，自然界丧失其承受能力的那种不可逆转的生态失衡尚未到来，它提供给了人类采取行动，扭转被动局面的时间。而且从各国已经进行和正在进行的生态环境污染治理的效果上看，将人类活动的生态环境代价降到自然界能够承受的限度内是完全可以做到的。

人类对其自身未来的关心，是一个永恒的话题。他们关心自己周围社会环境和自然环境的变化，关心这种变化对自身前途和命运的影响。可持续发展就是人类对未来发展的一种理性思考和理想架构。如果说可持续发展的提出主要是通过历史反思，那么它的付诸实施则需要有超前认识作为指导。所谓超前认识，指的是人们从生存和发展的需要出发，对自身当下和未来活动及其结果的提前认识。作为对未来的一种观念形态的改造，它具有超前性、系统性、综合性、创造性的特点。实现可持续发展，需要有长远预测。超前认识提供了这种可能，它对人们的实践活动起着长远性和根本性的指导作用，为实践决策提供趋利避害、择善而行的根据。

人类对未来的发展能否有科学的超前认识，直接受到生产方式的制约。恩格斯说："到目前为止存在过的一切生产方式，都只在于取得劳动的最近的、最直接的有益结果。那些只是在以后才显现出来的、由于逐渐的重复和积累才发生作用的进一步的后果，是完全被忽视的。"资本主义生产方式发展的唯一动力是利润。"当一个资本家为着直接的利润去进行生产和交换时，他只能首先注意到最近的最直接的结果。……当西班牙的种植场主在古巴焚烧山坡的森林，认为木炭作为能获得最高利润的咖啡树的肥料足够用一个世代时，他们怎么会关心到，以后热带的大雨会冲掉毫无掩护的沃土而只留下赤裸裸的岩石呢?"全球现在面临的生态危机，究其社会原因，主要是西方资本主义大国片面追求自身利益造成的。如今它们又想将这种危机转嫁到发展中国家，以保护生态为名剥夺这些国家的发展权，完全是毫无道理。

有一种观点认为，人类不可能做到可持续发展，因为未来是"黑箱"，它的帐幕是无法预知的。这是认识论中的不可知论。这涉及科学预见与规律的关系。诚然，未来对当下是缺少绝对确实性，但不是不能预测的。因为人类社会的过去、现在和未来是具有统一性的，贯穿其中的规律使它们一脉相承。人与自然界进行物质、能量、信息交换，形成的也是统一的有机系统。在其中总有征兆可寻，有端倪可察，有前后现象可供思索。只要人们确定正确的价值观，善于总结经验和教训，注意获取和加工信息，加上用心思考，从对现实的周密研究中，就能发现规律性的东西，为超前认识和预见未来提供可能，重要的是人们不能急功近利。可持续发展需要处理好个体与群体的关系和当前与长远的关系。因为每当人们只是追求个体和当前利益最大化时，其结果往往总是导致对群体和长远利益的破坏。

这涉及实践标准的辩证法。列宁提醒人们，“不要忘记：实践标准实质上决不能完全地证实或驳倒人类的任何表象。这个标准也是这样地‘不确定’，以便不至于使人的知识变成‘绝对’，同时它又是这样的确定，以便同唯心主义和不可知论的一切变种进行无情的斗争。”实践作为检验真理的标准是具体的、历史的，是相对和绝对的统一。人类在改造自然界的活动中，往往只是局限于眼前的实践，孤立静止地看待实践，第一步取得了预期的结果，但是在第二步和第三步却有了完全不同的、出乎意料的影响，常常把第一个结果又取消了。这就是自然界的报复。实行可持续发展，要求人们决不能对实践检验抱近视的态度，决不能去做那种杀鸡取蛋、竭泽而渔的蠢事。要精心把握实践的辩证法，注意将人的整体的、世代相继的全部实践作为真理的标准。

在许多讨论可持续发展和生态环境问题的论著中都可以看到，人之所以会破坏生态，浪费资源，造成环境污染和生态危机，是与他们的行为目标和利益驱动密切相关的。人们的行为与行为目标离不开利益。充分估计利益和利益驱动对人类生活、对人际关系、对思想意识的作用和意义，是正确分析和了解社会演化的关键。利益既是推动社会进步的基础和杠杆，也是造成生态环境破坏的根源；把局部的、眼前的利益放在首位，从个人的、小团体的、地区的“私利”出发，不仅必然会使其他人受到伤害，而且必然会导致对自然界的掠夺性开发，危及人类的可持续生存和发展。

任何生物体都有一种利己的属性和本能，否则它就不能生存下去。人作为自然界的生物体，也有其利己的自然本性、自然需求、自然欲望。虽然人类经过后天的教育可能超越自己的自然属性，可能超出其自然需求，可能放弃个人需求、个人利益甚至个人生命而利他，但人的自然属性不仅是始终存在的，而且是顽强的、自发起作用的。因此，个体利益与群体利益的问题到处存在，个体的利益恶性膨胀，就会给群体利益造成损失，从而影响到他人的利益，甚至最终影响到个人利益。在市场经济的条件下，个体的经济行为主要是为了追求个体经济利益的最大化，现行的国际政治体制和格局决定了地区经济和国别经济也同样是以自身经济利益最大化作为追求目标的。

对于地区和国家内部的个体利益和群体利益的问题，可以通过地方政府或中央政府加以解决，尽管这并非一件容易的事，但政府权威的存在是使得这种行为仍然具有较强的现实性并具有明显的效果。但对于国际范围内的个体利益和群体利益之间的冲突，即国家或地区利益与全球利益时间的矛盾，尽管目前有联合国和其他的国际组织来解决国际利益争端，然而它们都不是超国家的政府，不具备足够的权威和强制执行能力，因而在涉及各国重大利益的矛盾协调中常常显得心有余而力不足。因此，权威性监督力量和有效合作机制的缺乏使得全球性合作以及可持续发展中的补偿性转移支付在实践中困难重重。

市场经济的一个暗含假定是，个体可以在不考虑其他人行为的情况下做出生产和消费的决定，这时，生产者与消费者通过市场发生联系，他们所需要了解的仅仅是市场的价格和自身的生产和消费可能性。由于市场经济是一个分散决策的经济形态，每一个个体在进行经济决策和经济活动的时候，必定总是从自身利益出发。有的经济活动，从微观经济的角度来看，也许是值得的，有利可图的，但从宏观经济的角度来看，确实是一种利益损失。在这种情况下，一般来说，个体不会自动放弃对自己有利而对群体无利甚至有害的经济活动。这时利己和利他就会发生冲突。

在许多情况下，表面上人们并没有明显的实际利益的冲突，每个人获得自己的利益似乎并不妨碍别人获利，但却经常会出现“公共资源的悲剧”。在日常生活中，我们都有这样的经验，任何一种资源，只要是公共所有的，大都存在着利用过度或利用不足的现象。其实在自然资源的开发和利用的过程中，当产权界定不明确时，就会导致美国学者格雷特·哈丁所说的“公共资源的悲剧”。

所谓公共资源就是指人人都可以自由使用而不必付费的资源。空气和水是最常见的公共资源，但是从前面的论述中也可以看出，这两种资源污染的也最厉害。哈丁描述了一个经典的例子，即在一个人人都可以自由放牧的牧场，最终的结局必然是过度的放牧导致牧场退化。悲剧的必然性在于，作为一个理性的人，每个牧民在寻求从牧场获得最大利益的过程中，所付出的成本要低于应该支付的社会成本，结果牧民会不断增加各自牧群的数量，直到牧场因过度放牧无法维持继续放牧为止。令人担忧的是，公共资源的悲剧广泛地存在着。因此对于很难确定明确产权的公共资源，国家干预就显得尤为重要。国家和政府可以强制生产者和消费者在利用公共资源时，减少或消除外部不经济性。

可持续发展所追求的长远利益与人类追求的暂时利益之间也有可能出现冲突。由于现实中后代人不可能出场，对于后代人利益的维护实际上是由本代人来执行的，这不仅要求本代人对未来的情况拥有较为充分的信息，更需要本代人具有较强的利他思想，才能做出维护后代人利益的选择。但是，现实中纯粹的利他行为和代际财富的转移更多的是存在于家庭内部，并未扩展到整个社会范围内。因此尽管可持续发展所考虑的是长远利益，但是其显示却需要在当代人的利益范围内做出决策，从本质上看需要协调的仍然是当代人内部对后代人利益的看法及在此问题上的利益冲突。

可持续发展观特别着眼于人类的未来，要顾及子孙后代的需要，很明显特别需要人类的全局观念和远见卓识，而不能只关注局部的情况和暂时的目的。但是人类的实践可能破坏生态环境这个问题，往往在于人类不能意识到自己会造成不良后果，或者说，不可持续还有其认识论上的原因，即人类在对客观事物的认知过程、认知结果和认知水平上的局限。

从认识论上讲，一方面，人的理性有宝贵的预见功能，能根据事物的过去和现在预测它的将来；另一方面，由于认识的局限性普遍存在，人类又常常难以解决当前与长远的关系问题。这个问题的产生，一方面是由于客观事物的生成、发展和成熟需要一个过程，在事物的真相还没有较充分地显现时，人类是难以加以揭示和说明的；另一方面，人类还受主观条件的局限和制约，不仅难于一下子把握事物的现状和整体，更难于适时和及时地预见事物的未来。瓦特在发明和改进蒸汽机的时候，既无法预料到这会导致工业革命，也无法预料到大量蒸汽机冒出的浓烟会造成严重的大气污染。在工业文明早期，对于绝大多数的人包括企业家来说，他们在发展工业时的出发点是期望工业会大大提高生产力、改善人们的生活或获取利润，他们不仅没有以排放工业废气、废水、废料来污染环境和破坏生态为目标，也未曾预料到废物的排放会造成如此严重的生态破坏，乃至威胁到人类自身的生存和延续。

当今人类面临的生态环境问题也不能都归因于坏人作乱或前人的恶意。在许许多多文章中，都引述了恩格斯的关于“自然界的报复”的著名论述，并把这种报复解释为源于人要改造自然和主宰自然，解释为人们不尊重自然和爱护自然；这些观点当然是有一定理由的，但还有不可忽视的是，这里也还有认识上的原因。恩格斯的原话是，我们对自然界的胜利，“在第一步都确实取得了我们预期的结果，但是在第二步和第三步却有了完全不同的、出乎预料的影响……美索不达米亚、希腊、小亚细亚以及其他各地的居民，为了想得到耕地，把森林都砍完了，但是他们梦想不到，这些地方今天竟因此成为荒芜不毛之地，因为他们使这些地方失去了森林，也失去了积聚和贮存水分的中心。阿尔卑斯山的意大利人，在山南坡砍光了在北坡被十分精心地保护的松林，但他们没有预料到，这样一来，他们把他们区域里的高山牧畜业的基础给摧毁了；他们更没有预料到，他们这样做，竟使山泉在一年中的大部分时间内枯竭了，而在雨季又使更加凶猛的洪水倾泻到平原上。”

这一段话，就我们现在讨论的问题来说，有以下这些提法是不应该被忽视的，这就是恩格斯讲到的“出乎预料的影响”、“他们梦想不到”、“他们没有预料到”以及“他们更没有预料到”。这里的用语大都涉及“预料”，即涉及人们对自己行为和客观过程是否有足够的认识和远见。这里，笔者无意以认识的限制来为人们破坏自然的后果开脱，或减轻破坏自然应负的人为责任，但我们不能认为生态环境的破坏，人类遭到自然的“惩罚”和“报复”，源于人类的居心不良。事实上，人类认识上的局限性是普遍存在的。具体的人都生活于一定的时代，一定时代的生产力发展和科学技术的发展有一个限度，人们只能在这个限度内认识世界，因而认识是有限度的，这是时代的局限性；人类主观能动性的发挥，要以一定的物质条件为基础，人类只能无限接近真理，而不可能完全认识一切客观真理，达到终极，这是人类主观能动性的局限；人们认识世界，凭借别人的经验和自己的经验，而经验偏于感性，还没有上升到理性，没有达到理论的高度，这是经验的局限；每个人在个性、心理等方面往往有这样那样的弱点，而个性的弱点必然影响到对事物的认识，产生片面性和错误，这是个性的局限；人类认识事物是曲折复杂的，是在矛盾斗争中进行的，人类社会一方面存在认识的推动力，同时也存在着认识的阻碍力，这是认为蒙蔽和干扰造成的认识局限；人的认识不能不受环境的影响，特别是社会环境的影响，这是环境的局限。

可持续发展特别需要关注未来和有远见，而且是需要全人类的远见，然而，在许多情况下，又是一般民众较易于顾及身边的和近期的事情，即易于短视；人们的地位、利益和需求又会使认识上远见同近视的矛盾表现得更明显。市场经济影响人类作出长远的考虑，考虑问题最短视的是消费者，大多数只考虑今天和明天；管理人员想到的是近几年的情况；一个以可持续发展作为战略的国家和民族，它的当代人必须考虑到的则至少是要有 50 年至 100 年，乃至是更久远的子孙后代，但这对于政府官员、企业家、管理人员来说是很难做到的。可持续发展需要处理好个体利益与群体利益的关系和暂时利益和长远利益的关系，重要的是人们不能急功近利。因为每当人们只是追求个体和暂时利益最大化时，其结果往往是导致对群体利益和长远利益的损坏。

认识上的局限和近视是导致生态危机的一个重要原因，为了实现可持续发展，必须有认识上的预见性和超前性，为此人类需要努力做好预测评估的工作，尽量减少盲目性。

实行可持续发展，要求人们决不能对实践检验抱近视的态度，决不能去做那种杀鸡取卵、竭泽而渔的事。要精心把握实践的辩证法，注意将人的整体的、时代相继的全部实践作为检验真理的标准。就人类的无限发展而言，人们的认识实践能力和道德水平都是至上的，可以无限完善；但是就每一个具体的人而言，其实践能力和道德水平又是有限的，人们不可能完全摆脱利己的自然本性，也不可能绝对正确地认识不断发展的世界，完全可靠地改造和控制自然。然而，这并不能由此得出可持续发展是空想的，是虚幻的。可持续发展是人类美好的理想，人类可以不断地、无限地逼近人与自然的和谐、人与人平等的美好境界，可持续发展的实现就在对这一理想的不断追求的过程中实现的。

人类活动从其对自然界的影响和作用方面讲，它变革自然，改变了自然界原有的平衡态，使自然具有了“属人的本质”。在一定的程度和范围内，自然界以其特有的再生能力可以吸收和抵抗自然界所受到的改变或破坏，不会导致生态环境的严重失衡而危及人类的存在。今天所谓的生态环境危机就是自然界以疾病、死亡、动植物种类的减少、生存质量的下降等一系列方式和指标对人类的警告。显然，自然界丧失其承受能力的那种不可逆转的生态失衡尚未到来，它提供给了人类采取行动，扭转被动局面的时间。随着科学技术的进步及人类对科技合理运用能力的增强，人类就可能控制、减少乃至逐步解决生态问题。而且从各国已经进行和正在进行的生态环境污染治理的效果上看，将人类活动的生态环境代价降低到自然界能够承受的限度内是完全可以做到的。

可持续发展是否可能的探讨，不能囿于抽象的层面，而必须放置在社会发展的现实中。从现实层面来看，在自然依托型经济发展状态下，要实现社会的总体性可持续发展是很难的。理由是：一是在人类社会的发展过程中，始终存在着人的需要的无限性和自然资源的有限性的矛盾。一方面是人的需要的无限扩张，特别是近代以来市场制度的确立使得人的贪欲性需求在制度上，得到了合理性解释和合法性论证。另一方面是自然资源的稀缺性。在工业化早期，人们误以为自然资源是无限的，而少数国家依靠经济和政治手段实现的对世界性资源的占有使得其资源在当时的情况下是“无稀缺性”的，对自然资源的无限掠夺被看作是发展的关键。然而，当人类利用自然资源取得有限进步的同时，却发现人类面临的资源是有限的，并非是取之不尽，用之不竭的。于是，人的需求的无限性和自然资源的有限性的矛盾就日益突出。资源的有限性意味着如果人类对自然资源的掠夺超出自然的承载容量，就会使发展陷于非持续状态。二是尽管自然资源是有限的，但在人类的发展过程中，却经常出现“公共资源的悲剧”。“公共资源的悲剧”的不断出现加剧了稀缺资源的稀缺性，因而进一步加剧了发展的非持续性。三是在自然资源依托型经济发展状态下，人与自然间的物质变换必然导致“熵”增加。“熵”作为一个物理学的概念，是指不能被利用再次做功的能量。热力学第二定律指出，能量转化是一个不可逆的过程，只能向一个被耗散即熵增加的方向转化，从可利用到不可利用，从有效到无效，从有序到无序。事实上，在人类的发展过程中，始终面临着有限的资源，而人类为追求发展所造成的一系列危机正是这种熵增加的表现，也是发展步入非持续性的根源。尽管人类通过运用自己的智慧所形成的负熵抗拒着自然生态系统的熵增加，在一定程度上缓解了人与自然的矛盾，实现社会的部分可持续发展，但在自然资源依托型经济发展状态下，总体的熵增趋势是不可避免的。

但发展中的社会出现了新的趋势。虽然在自然资源依托型经济发展状态下，要实现社会的总体性可持续发展是很难的，但人类社会现在正在迈进知识经济时代，在知识经济条件下，实现社会的总体性可持续发展却是可能的。这是由知识经济本身的特点所决定的。一是在知识经济条件下，社会发展将由自然资源依托型向知识资源依托型转变。自然资源是稀缺的，而知识则是无稀缺性的。作为人类头脑产物的知识，其增长的可能性是无限的，因为知识源于人类的智力创造，而人类的创造力是无限的，人类知识的增长也日益呈现加速的趋势。知识与自然资源也不同，自然资源在使用上具有排他性，而知识则具有可共享性和无限增殖性。由于知识经济在资源配置上以智力资源这一无形资产为第一要素，对于已经明显出现短缺征兆的自然资源是通过知识和智力进行科学、合理、综合、集约的配置。在知识经济的生产过程中，主要是以包括信息科技、生命科技、空间科技、海洋科技和有益于环境的高新科技和管理科技在内的高新科技为支柱产业。这些科技对环境的影响和资源的消耗与传统的科技是不可同日而语的。因此，知识经济与传统资源经济相比是理智经济，包括生态持续性、经济持续性和社会持续性，而且它的高度发达也为可持续发展的真正实现奠定了必要的前提和基础。二是在知识经济时代，自然资源将得到合理的使用。人类通过智力因素的无物化，一方面可以使得自然资源得到合理的使用，甚至可以变废为宝；另一方面人类通过科技进步不断开发出新资源，使资源通过人的智力开发这个中介，表现出相对的无限性。自然资源的有限性实际上只能说明人类对其利用的一种历史性。薪柴→煤炭→石油→核能的燃料发展谱系和石块→青铜→钢铁→合成材料的材料发展谱系，都证明自然资源的利用范围是随着科技的发展而不断扩大的。同时，在知识经济的条件下，社会发展主要是以知识和智力为基础，对自然资源的依赖性大大降低了，这就可以从根本上解决由于人对自然资源的无限掠夺所造成的熵增问题，而人类通过知识创新、技术创新、经济创新、社会创新和观念创新所形成的负熵流，可以有效地遏制自然体系的熵增趋势，使社会走上可持续发展的轨道。三是在知识经济时代，知识是最重要的资本，知识存量和质量已成为社会发展的决定性因素。可持续发展本质上是人的发展。在知识经济时代，人的发展表现出不同于以往的特征。如果说，工业经济时代的人具有“经济人”的品格，那么知识经济时代的人则具有“知识人”的本性。知识人就是全面发展的人，它不仅表现为人的体力的增强，更表现为人的智力的提高。在知识经济时代，创造价值的劳动主要不是体力劳动，而是脑力劳动，知识成为最主要的价值来源。知识人又是自由的人，因为创造是知识人的本性，创造是一种自由的精神生产过程，人的创造能力的提高成为实现知识经济的主要条件。由于知识经济是一种以人的创造能力为本位的经济，所以它是一种更人性化的经济。以知识资源为基础的精神生产成为社会发展的动力和源泉，知识成为人的价值的最终体现。在知识经济时代，人的发展进入了全面和自由的新阶段，而可持续发展观正是坚持以人的全面发展为中心。因此，实现社会的总体性可持续发展是可能的。

发展知识经济既是可持续发展战略的客观要求，也是经济发展战略的一种必然选择。知识经济已初见端倪，知识经济在逐步占据国际经济的主导地位。但在当今社会条件下，可持续发展的实现程度和范围必然带有强烈的历史性和具体性。换言之，可持续发展的实现是可能的，但实现这种价值目标所付出的代价，所会遇到的阻力和困难也是不容忽视的。

第六章　生态文明:主动的可持续发展

第一节　可持续发展的实质内涵

在可持续发展理论研究中，首先遇到的一个理论问题，是对可持续发展观内涵的理解。由于对可持续发展丰富的内涵理解不同，所以关于可持续发展的概念界定也各具特色。但总体上看，可持续发展观的实质内涵包括如下三个基本点：

第一，经济可持续发展

可持续发展的基石是经济的发展。保持国民经济的持续、快速、健康发展，是各国经济和社会发展的重要方针。但是，这里所说的"持续"，同可持续发展中的"可持续"，在内涵上还是有重大区别的。因为在短时期内，国民经济得到持续发展，并非都是以可持续发展为前提的。在近代，西方经济的发展，工业化进程所带来的后果，都在不同的程度上破坏了可持续发展基础。所以，可持续发展的内涵，比国民经济的持续发展的内涵更加丰富。过去，人们一直把国民生产总值作为国民经济统计体系的核心，把经济指标作为经济发展的唯一价值追求，而且把社会发展仅仅看作是经济增长。在这种认识的指导下，由于单纯地追求经济指标，不顾经济发展所造成的对资源的浪费和对环境的破坏，问题的产生不仅严重地阻碍着经济的长期持续发展，而且还危及到了人类的生存。它不仅不能使社会得到全面进步，而且也不能使经济得到持续发展。

经济发展对发展中国家来说有重要特殊的意义，因为它们不仅经受着来自生态恶化的环境压力，而且经受着来自饥饿、贫困的生存压力，所以摆脱贫困，消除愚昧，在许多发展中国家的发展日程表中居于首位。发达国家面临着新的经济发展问题，它的着眼点不再是解除贫困之忧，而是如何提高经济质量，从单纯的物质财富的增长转向经济结构、技术创新、社会福利等问题的优化。

立足于经济发展，有的学者把可持续发展定义为："在保持自然资源的质量和其所提供的服务的前提下，使经济发展的净收益增加到最大限度。"显然，可持续发展中的经济发展已不是传统的以牺牲资源与环境为代价的经济发展，而是不降低环境质量和不破坏世界自然环境基础的经济发展。

第二，社会可持续发展

发展固然是经济的发展、技术的创新及其水平的提高，但这种物质的、技术的视角已不足以反映发展的全貌，所以发展的社会内容逐渐受到重视。可持续发展大大加强了发展的社会内容，强调发展的社会属性，即只有在发展的内涵中包括提高人类健康水平，改善生活质量和获得必需资源的途径，包括创建一个保障人们平等、自由、人权的环境时，才是真正的发展，否则就是片面的、畸形的发展。

这一基本理论立场在《我们共同的未来》《里约环境与发展宣言》等重要文献中均有明确反映。如《里约环境与发展宣言》指出："人类处于普遍受关注的可持续发展问题的中心。他们应享有与自然相和谐的方式过健康而富有生产成果的生活的权利。"《保护地球——可持续生存战略》则强调，可持续发展是"在不超出支持地球的生态系统的承载能力的情况下改善人类生活质量"。这里，无论是"健康而富有生产成果的生活"，还是"人类生活质量"都旨在强调了一种体现社会进步的综合性指标，把着眼点落实到与人的发展相关的各种社会因素上。

第三，生态可持续发展

生态环境系统的承载力是人口增长与经济社会发展的可能性空

间和制约因素。生态环境是人类社会生存和发展的支持系统，人类社会从一开始就存在于自然界之中，并将永远作为自然界的一个特定部分而存在于其中。农业文明为人类提供了稳定的生活资料来源，使人口得以迅速增长。为了满足迅速增长的人口的需要，人们大规模地砍伐森林，开垦土地，过分利用了土地的生产能力，从而导致了气候失调，水土流失，土地沙化。由于生态支持系统的崩溃，一些古老的文明也随之毁灭。巴比伦文明和玛雅文明之所以从地球上消失，据考证，都是由于生态环境的崩溃而导致的灾难。然而，农业文明所造成的生态灾难是局部的，生态悖论初步显现。工业文明所造成的生态危机则是世界性的，对生态环境的影响是农业文明时代的危机所无法比拟的。在生态环境恶化的同时，资源的浪费和枯竭也成为一个世界性的难题。其中作为一项重要的可再生资源的生物物种的多样性受到严重威胁。生物物种作为一种可再生性资源，对于增进人类的福利，对于经济和社会的发展，具有重要价值。然而，目前的形式很严峻。由于人类对于森林、草地、湿地等生物物种赖以生存的环境的掠夺式开发，使物种以前所未有的速度消失。这对于生物链的进化，对于生态系统的动态平衡，对于人类的发展，都是巨大的损失和严重威胁。一个生态系统都有一定的物质流、能量流和信息流，人类活动对这些“流”有不同程度的影响，都可能导致生态系统的失衡、倒退，甚至是崩溃。因此，环境污染、森林消失、水土流失、土壤沙化、臭氧层变薄和出现空洞、生物物种的消失等都会影响生态系统的平衡。所以，人类对生态规律的逐渐深刻认识，是可持续发展观形成的一个重要基础。

生态持续可以说是可持续发展中最初的也是最核心的要素。早期的可持续发展思想一般都与自然资源的合理利用、生态环境的保护有关，认为生物圈是确保人类持续生存的基础条件。随着资源短缺、环境污染和生态失衡的日益加剧，生态持续的问题更为突出，如果人类的社会和经济活动超出资源与环境的承载能力，那么等待人类的只能是死亡。生态成为影响人类生存与发展的基本要素，揭示这一事实并给予充分的论证应当说是可持续发展理论与其他各种发展理论的最明显区别，从而也顺理成章地被视作可持续发展理论的核心内容。

在发展的共时性上，可持续发展观主张兼顾不同国家、地区、民族利益的整体性发展。随着全球经济的一体化，当今世界已是一个高度整合和开放的世界，全球经济、科技、文化、军事、环境等各种因素相互作用、相互矛盾、相互制约，把整个人类连成了一个相互依存的有机整体。可持续发展观虽然也承认各不同群体之间利益上的差别以及发展上的不平衡性，但是，它主张无论东方、西方，还是南方、北方；无论发达国家，还是发展中国家，都应该在加快自身发展的同时，必须考虑整个人类社会的发展。

一种新发展观总有一种新的世界观做支撑，可持续发展观的世界观基础是整体有机论。整体主义认为，世界在客观上是有序变化的整体，整体的性质不能由被机械分割的部分的性质加以说明。相反，部分的性质倒由整体的性质所确定。因此，整体的性质具有首要性、占先性。世界的整体有序不是静态的、结构意义上的，而是动态的、过程意义上的。换言之，整体是变化过程中的整体，有序也是变化过程中的有序。

整体有机论的世界观完全区别于机械论世界观。由培根、笛卡尔、牛顿所奠定的主导工业文明的机械世界观的主要支点是：其一，尽可能将世界还原成一组基本要素，用基本要素的性质来解释一切事物与现象。其二，基本要素之间只有外在机械的相互作用，没有内在的相互联系。换言之，各基本要素都是独立自存的，其性质也是固定不变的。其三，世界、自然被形象地比喻为按照固定规则装配起来的机器。其四，在方法论上推崇还原分析法、数学方法和实验方法。事实表明，以这种机械论世界观审视世界，就难免会导致种种偏差与失误。如忽视事物演变过程中的不可逆性；把决定论简单化为线性的决定论；否认为尽力排除随机性和偶然性；注重静态的结构性分析而忽视动态的过程性研究；片面夸大实验方法而忘记这一方法的先天性缺陷——与环境的隔绝；用单一的机械论模式去认识无限丰富且充满复杂性的世界。所有这些弊病，就使得机械论世界观越来越缺乏解释力，尽管它在现实生活中还有不可低估的影响，但是超越这种世界观已是历史的必然。

整体有机论无疑是对机械论世界观的超越，这种新世界观贯穿于可持续发展的全部理论，成为可持续发展的灵魂。可持续发展是全球整体的发展，是经济、社会、生态、文化复合系统的有机发展。一个国家、一个民族、一个地区不可能实现单独的可持续发展，因为它不仅受制于全球体系，而且受制于与其发生密切关系的其他国家与民族；一个子系统、一个领域也不可能实现单独的可持续发展，因为系统与系统、领域与领域之间已经相互渗透、包含，没有一个置于关系网络之外的系统与领域。在生态因素凸现为影响人类社会发展的决定性因素之后，生态系统的高度有机性和整体性，已成为重要的参照系制约着人类的生产方式与生活方式，这是可持续发展遵循整体有机论的又一缘由与依据。

在发展的历时性上，可持续发展观主张兼顾当代人和后代人利益的连续性发展。布兰特定义中一个伦理色彩较重的内容，即公平。这是一个强调的最多又最难把握的内涵。这一定义潜在的论断说明过去的发展模式是不公平的，尤其是在当代人与后代人之间。这种不公平体现在当代人消耗了过多的资源，破坏了生态环境，使得后代人不得不生活在一个资源匮乏与环境恶化的状态中，从而不得不花很大的代价去治理前代人遗留下来的生态环境问题。代际不公平问题是关注的焦点，但要解决这一问题，就必然要去关注代内不公平的问题。只有解决了后者，才能解决前者，因为代内的不平等是生态环境问题的重要根源。

可持续发展观立足于当前，着眼于未来，是一种具有前瞻性的发展。人类社会是一个不断延续和发展的动态系统，现在既是过去的未来，也是未来的过去。可持续发展观重在强调可持续性，它以辩证思维的方式将发展的阶段性和联系性有机统一起来，既考虑当代社会的协调发展，又本着对后代人负责的态度从事当前的活动，并使当前的活动朝着有利于后代人的方向发展。从这个意义上讲，可持续发展观又具有一种凝重的历史感和使命感。因此，可持续发展观不仅从发展的共时性上考虑问题，强调区域之间的公平，而且还从发展的历时性上考虑问题，强调代际之间的公平。就是说，当代人和后代人在享用自然资源和生存环境等方面具有同等权利。当代社会发展只能以上一代人所遗留下来的基础为前提条件，同时它又为下一代人的发展提供了必要的基础。在可持续发展观看来，应当以持续的和长远的获利作为社会发展的一个重要尺度，任何急功近利的短期行为，任何以今天的利益牺牲明天利益的主张，都是不科学、不合理的发展，是与可持续发展观背道而驰的。可持续发展观所主张的是人类现实利益和长远利益相统一的，持续的发展，是“既满足当代人的需要，也不对后代人满足其需要的能力构成危害的发展。”在社会进步的含义中，可持续发展已表明了对平等、公正问题的关切，但这里的公平还是同代人的公平，即共时的平等。生活于不同国家与区域的民族，由于历史和现实的原因，对自然资源和社会经济产品的分配、使用存在较大差距，在当代突出表现为南北差距。可持续发展理论强调必须尽快缩小并最终消除差距，否则就不可能有人类社会的发展。这无疑是非常正确的，然而强调同代人的社会平等并不是可持续发展理论的专利，在现代化发展理论特别是向可持续发展理论过渡的诸多学说中几乎都表明了这一观点。可持续发展理论所增添的新内容是代际公平，即当代人与后代人在福利与资源分配上如何实现公平。

可持续发展观强调，由于自然资源的有限性，所以每一代人都不应该只考虑本代人的需要而损害后代人满足需要的条件。然而代际公平原则的坚持却存在着许多困难。这不仅是指当代人的收益与后代人的损失难以全面、准确地权衡和比较，还由于代际公平受下列生存困境的制约。

首先，当代人对后代人生存状况的现实性问题。当代人实际上很难具体充分地体验到后代人的处境和需求。人们常常关心自己儿孙的生存和发展，但很少关注作为族类的下一代如何生存、如何发展，对再长远一些的后代人的生存和发展的关注就更少。

其次，后代人对当代人生存方式影响的可能性问题。代际公平是为了后代人的事业，又是后代人看不到的事业。从动态的眼光来看，由于所有的资源（包括创造的财富和自然资源）都掌握在当代人手中，所以当代人就成了未来数代人资源的托管者，从而在相当大程度上决定着未来人的命运。同后代人相比，当代人在资源开发和利用方面处于一种无竞争的主宰地位。后代人只能接受由当代人留下的遗产，而不可能制约当代人的行为。可见，可持续发展观所倡导的代际公平在很大程度上只是一种良好的愿望。

可持续发展所倡导的代际公平具有如下几个特点：

其一，代际公平是环境问题的伴生物。

代际公平问题是随着环境问题的尖锐化而提出的。在环境问题未显露之前，人们讲公平主要是指同代人之间的公平，即富人与穷人、男人与女人、达官贵人与平民百姓，以及不同国家、民族、宗教、阶级、集团间的公平，涉及财富分配、社会地位、政治权利、宗教自由、民族平等诸多领域。而环境污染、生态恶化、资源短缺等生态环境问题却具有滞后性、积累性特点，因此其后果往往要经历几代人才能反映出来，而这种后果又损害了后代人的利益与权利，于是，在当代人与后代人之间就产生了公平问题。当代人类面临的严峻环境问题正是自近代工业革命以来，片面追求经济增长而忽视环境治理，从而加剧三废污染、资源滥用、植被破坏、土壤退化的必然恶果。这一事实表明，人类的物质生产实践及其消费活动会对生态环境有重大影响，而这种影响可能在几十年甚至几百年后才显现出来。因此，人类必须充分估计自身行为的后果，对后代负责。显然，只是由于生态系统有着内在的运作规律，其平衡与失调都有一个相对漫长的周期，而人类的生存与发展又与生态系统密切相关，所以才产生了跨代的人际关系问题。这种跨代的人际关系就是代际伦理关系，确切些讲是代际公平问题。从这个意义上讲，没有环境问题也就没有代际公平问题。无论从产生还是现实存在的依据上看，代际公平都依赖于环境问题，代际公平是环境问题的伴生物。

其二，代际公平是伦理学的新内容。

当代伦理学的扩展表现为两个向度。一个向度是从社会伦理向环境伦理的扩展，产生了完全不同于传统伦理学的新伦理学——环境伦理学。尽管对环境伦理学的认同还有分歧，但伦理学要重视和研究人与自然的关系是毋庸置疑的。这种扩展是一次飞跃、质变，从根本上修正了伦理学的内涵。另一个向度是同代人之间的伦理向跨代人之间的伦理的扩展，产生了代际伦理学。同第一个向度相比，它对传统伦理学的修正还局限于社会伦理学的范围之内，因此其变革力度有所降低，但同样开辟了伦理学的新领域，为伦理学增添了前所未有的新内容。

公平是伦理学的核心，但伦理学并不能简单地归结为公平问题。然而代际伦理的实质却只能是代际公平，它不涉及公平之外的其他伦理问题。这是因为，对同代人而言，伦理的主体与对象不仅是真实的，而且是相互作用着的活生生的人，他们之间除了公平关系，还有友爱、和睦、诚信等关系。但对于跨代人而言，伦理的主体与对象部分是真实的，部分却仅仅是可推论而未实体化的人。具体些说，当代人在考虑与子孙后代的伦理关系时，子孙后代并不是活生生的人，他们之间的伦理关系是由当代人在思维中认识与把握的，并且是单向度的，后代人无法做出任何反应，不管是赞同还是反对。这种无反馈、无相互作用的伦理关系，使得友爱、和睦、诚信等其他形式的伦理关系都没有意义，唯一有价值的是公平关系，因为当代人行为的后果是有益于后代人还是损害了后代人，是可以通过事实来证明，并由后代人来评判的。有益于后代人就是公平的，侵犯了后代人的利益就是不公平的。所以，代际之间的伦理关系就是代际公平问题。

显然代际公平问题属于社会伦理，但如前所述，这种公平问题是基于环境问题而且围绕环境问题而存在的。至少就今天的人类现实来看，代际公平问题仅仅表现为资源的跨代分配和环境质量的跨代保护。正因为如此，我们可以把代际公平问题视作联系传统的社会伦理与新生的环境伦理的桥梁。

其三，代际公平是经济学的新规范。

代际公平是伦理学的命题，同时也是经济学规范。作为伦理学命题，它直接表达了对代际关系的伦理关注；而作为经济学规范，它则以间接的方式肯定了代际之间的伦理关系。

所谓“间接的方式”，是指经济学习惯于从资源的配置和经济福利收益的角度考虑问题。当传统的经济学规范——经济人假设、帕累托最佳发展等无法解释环境资源要素引发的新经济现象时，经济学便出现了规范变革。这种变革以修正传统经济学规范，给传统经济学规范加上约束条件的方式进行。于是，这种新规范在直接的意义上仍是一种经济学规范，但在其后却有着深刻的伦理内涵。代际公平并不完全否认经济人假定，认为这一假定的确有助于资源最佳配置，但需要增加一个前提性约束条件，那就是代际公平。同样，代际公平也不反对帕累托最佳发展，因为追求人类福利收益的最大值毕竟有其积极意义。但帕累托最佳发展单纯追求眼前最佳而往往导致环境资源的滥用和退化，从而成长为长期发展的桎梏，影响到后代人利益。所以，对它也要提出代际公平的约束性条件。这样，代际公平一方面保留了经济人假设和帕累托最佳等发展传统经济学规范的积极价值，使其成为实现新经济学规范的手段；另一方面又提升了经济学规范的层次，并赋予新规范伦理的意义。自然资源经济学和环境经济学，为我们提供了代际公平既是伦理命题又是经济规范的最好说明。而这种伦理学与经济学更为密切的结合，也许正是 21 世纪经济学的一个新特点。

《里约环境与发展宣言》重申了代际公平的原则，该文献郑重宣告：“为了公平地满足今世后代在发展与环境方面的需要，求取发展的权利必须实现。”这表明，代际公平已成为当代人类的共识和行为的指导原则。这是人类的光荣与骄傲，它体现着人性的光辉，是人的理性和文化本质的证明。同时，这又是人类的责任和义务，确切地讲是每一代人对后代人的责任与义务。为了实现代际公平，当代人必须自觉地限制自己的欲望与需求，甚至有可能做出某种牺牲。由此看来，可持续发展观所倡导的代际公平对人类而言的确是一种更高的要求，也是一种更高的境界，它为人类自身的发展指明了新的方向。

在发展的要素上，可持续发展观主张科技理性与人文理性的协调性发展。理性是人类独有的能力，从认识论上讲，是指一种逻辑的结构和逻辑的认识，具有普遍性、必然性和确定性的特点。

从历史上看，文艺复兴时期，人文主义者依靠科学的发展，以人性反对神性，强调人的价值，抬高人的地位，强化了人文主义以人文本、为万物之灵的观念，使科技理性和人文理性和谐地结合在一起。然而，科技理性与人文理性的这种早期的紧密关系随着科技的进一步发展被打破了，探求人生的价值和意义这一人文主义的旨趣必然要同新生的工业文明发生冲突，科技以理性的名义支配一切，功率和效率已成为衡量和处理一切事物的唯一尺度，具有丰富个性的个人却被搁置不论，最多也只是充当一种文化副本。因此，在近代，科技发展起来了，人却被忽视了。到了 20 世纪 60 年代，随着实证主义科学观的渗入和传播，科技理性与人文理性的分离成为不可逆转的了。科技控制和支配着人们的物质世界和精神世界，科技完全服从于有效性和有用性的绝对命令，人文理性受到压抑和排斥，造成了人文理性的严重失落，最终造成了人性的扭曲和文明的畸形。爱因斯坦在第二次世界大战后指出：“我们认为今天人们的伦理道德之所以沦丧到如此令人恐惧的地步，主要是因为我们生活的机械化和非人性化，这是科学技术思想发展的一个灾难性的副产品。”

尽管非理性主义对以科技理性为主导的理性主义进行了全面的

审视和批判，但科技理性与人文理性的失衡仍是当代的一个基本事实。

科技理性之所以受到人类的青睐，是因为科学与技术都是通过对真理性知识的追求，把揭示出的规律、必然性用于人类的物质生产实践从而极大地提高了社会生产力，从根本上改变了人类物质生活的状况。也就是说，科技理性给人类带来了实实在在的物质利益，它是同工业文明的历史性成就密切相关的。但恰恰是这一点，容易产生某种诱惑。不幸的是，由于人类自身失去了警觉，工业文明在创造人间奇迹的同时，正在滑向唯物质主义、经济主义、消费主义、实利主义。精神追求和生命价值似乎变得无足轻重，甚至滑稽可笑，人文理性面临泯灭的危险。

科技理性的高度发达，并不意味着单靠它自身就可以解决所有的难题。科技理性必须与人文理性结合，才能在发挥“改天换地”的社会功效的同时，避免产生环境污染，资源枯竭等社会“公害”。正是基于这一现实，可持续发展观大力倡导人文理性。但是，它更注重科技理性与人文理性的协调统一。工业文明的弊病不在于科技理性的过度，从可持续发展的要求来讲，科技必须得到更大的发展，物质生产力必须进一步提高，科技理性必须更加发扬光大。把工业文明的弊病简单地归结为科技和科技理性，就从根本上抹杀了科技在人类生活中的革命性作用，违背了唯物史观。与此同时必须看到，科技的运用不仅有社会制约性和社会导向性，而且可能产生负效应，甚至酿成灾难性后果。这就提出了弘扬人文理性的课题。从一般意义的文化的角度上看，人文理性是对科技理性的限定和补充。

所谓人文理性是对科技理性的限定和补充，首先是指在观念上要承认科技的运用具有两重性，而两重性的判断和取舍，要以是否有利于生态平衡，是否有利于人的健康生存和发展为准绳。科技上能够做到的事，未必都符合人性、道德或生态的要求。其次，人是文化的存在。人的文化本质决定了人不可能也不应该局限于物质生活的满足，而应有超越物质生活的精神追求，这种追求正是人文理性的精髓。最后，理性本身具有双重内涵，仅仅肯定和张扬认识论意义上的科技理性，是对完整理性的曲解；仅仅赞扬和倡导人文理性，同样是对完整理性的偏离。

毋庸置疑，科技不能仅仅限于功利主义和世俗化，还应阐释人的存在意义和价值，把科技理性与人文理性结合起来，因为人文理性是指向人的主体生命层面的终极关怀的。也只有这样，才能使科技在推动社会进步的同时，使科技始终以人为本，使技术的发展真正体现人的价值，真正实现物质文明和精神文明的和谐发展，营造出促进社会可持续发展的人文环境。

正像当代人类的现实凸显了人与自然的关系一样，从某种意义上讲，它也凸显着人文理性的历史需要，凸显着人类对生命价值和生活意义的追求。但是，这决不意味着要放慢科技发展的步伐，讨伐科技理性。当代人类的唯一正确选择就是恢复完整的理性，实施科技理性与人文理性的协调并重，以实现全面的、持久的社会进步。

在发展的价值取向上，可持续发展观坚持以人的全面发展为中心。这是同科技理性与人文理性关系高度相关的问题。科技理性与人文理性的关系侧重于社会的物质生产与文化发展的定位，而这种定位必然涉及生活方式的选择。传统发展观把对经济利益的追求当作人类社会活动的唯一目标，一切活动均要服从于、服务于经济的规则和要求，努力追求经济增长，把国家工业化和工业文明当作社会发展的最高标志。这种功利性、排他性、短视性的价值导向不仅造成了人与自然的对立与冲突，造成了全球性的生态危机，也造成了社会的发展与人的发展的矛盾，陷入了一种抽象的社会发展或“无未来的增长”的危机状态。所以，20 世纪 40 年代以来，随着全球性问题的日益严峻，人类终于认识到，这种以一时的经济繁荣和这代人的利益需要为基本价值目标的传统发展战略并没有给人类带来预期的结果。因此，社会发展所追求的终极目标不是为了抽象的社会如何，而应真正回归其本质所在，即以人的生存和发展的需要，与人的价值目标相对应，以实现人的全面自由的发展作为终极目标和最高原则。

可持续发展观认为，要改变根深蒂固的物质消费型生活方式，必须注重人的需求的全面性，着力于人的全面发展。以人为本位，就是说发展要以满足人的各种需要，全面提高人的能力，丰富人的多样性社会关系为宗旨，只有这样，社会发展才能走上人性化的轨道。

生物学意义上的人，因此，为了生存与传宗接代，必须满足基本的物质需求。但人同时又是社会的人，文化的人，与人的社会属性和文化本质相应的那些非物质性需求，才是真正属人的需求。人与社会的进步正是以人在何种程度上追求这些非物质性需求，社会又能在何种程度上保障这些需求得以实现为尺度的。

人的需求不仅有物质需求与非物质需求之分，物质需求本身也是分层次的，可划分为生存性物质需求和享受性物质需求。生存性物质需求是人的物质需求的安全线，在满足这一需求上不应该有丝毫动摇。如果无视人类整体的生存性物质需求的保障去奢谈非物质性需求，或仅仅满足少数人的享受性物质需求，那就是对伦理、道义、人性的嘲弄。享受性物质需求是在基本需求满足基础上，以消费、享受为目的的物质需求。由于人的物质欲望和享受要求并无客观的限度，因此很容易导致享受升级、消费膨胀，最终陷入唯物主义和享乐主义的泥潭。

鉴于此，可持续发展观提出适度需求的新观念，即自觉抑制物欲，给人类物质需求制定一个理性的、符合人的尊严和身份的尺度。适度需求的主导倾向是满足人的基本需求，同时兼顾某些正当、可控的享受性物质需求，并充分考虑到需求的历史性。显然，适度需求的生活方式是对物质消费型生活方式的挑战，无论其提出还是实施，都需要意志自由的支撑，因为适度需求无法给予必然性的证明，它是人的伦理选择和人文追求。

明确了人的需求的多样性，确立了适度需求（确切地讲是适度物质需求）的新尺度，就为人的全面发展展现了广阔的前景。人的全面发展是人的需求的对应物。当人的视野超越物质需求，转向对真善美的追求、创造性价值的实现、自由的获得、社会参与和管理时，伴随这些非物质性需求的追求，必然是人的各种能力的提高，是人自身价值的充分实现，是人的全面发展。全面发展的人才是符合完满人性的人，才是真正的人。毫无疑问，马克思主义关于人的学说为可持续发展观所倡导的新生活方式提供了充分的理论依据。人的全面发展，是马克思主义和可持续发展观的共同旗帜。

第二节　生态意识的普及

20 世纪 60 年代以前，“环境”、“生态”等概念对于公众而言还是陌生的新名词。随着一批有远见的学者的研究和卓有成效的宣传，生态环境问题开始被社会所关注，并逐渐形成了各种富有影响力的生态环境运动。

1961 年，世界自然基金会（WWF）创始人彼得·斯科特，在为该组织设计形象标志时，选中了中国特有的珍稀濒危野生动物——大熊猫。大熊猫那憨态可掬的形象和它那稀少的濒于灭绝的数量震惊了公众。目前世界上野生动物正以每天一种的速度走向灭绝，植物的情况就更糟。保护生物多样性，逐步成为世界的焦点。60 年代末，美国参议员 G．纳尔逊建议设“地球日”以表达公众对环境问题的关注。1970 年，全力支持这个设想的大学生丹尼斯·海斯开始组织、发动群众，同年 4 月 22 日举行了大规模游行示威，全美参加者高达 2000 万人。不久国会将这一天定为全美地球日，它也逐步扩展到世界其他国家。公众对环保活动的积极参与导致全球一大批环保非政府组织（NGO）的诞生，并形成了民间绿色运动的浪潮。后来，西欧各国还成立了生态环境的政治组织绿党。绿党不仅展开声势浩大的生态环境宣传，而且以实际行动保护野生物种，抗议并阻止各种损害生态环境的行为。现在，绿党已经成为一股强大的政治势力，使得任何一个欧洲国家政府都把环境问题当成是一个重要的政治问题。1968 年，正当工业国家陶醉于战后经济的快速增长时，来自西方不同国家的约 30 位企业家和学者聚集罗马，共同探讨关系全球人类发展前途的人口、资源、粮食、环境等一系列根本性的问题，对原有经济发展模式提出质疑。这批人士在奥莱里欧·佩西博士的组织和领导下成立了被称为罗马俱乐部这一非官方组织。由美国麻省理工学院丹尼斯·米都斯教授等合著的《增长的极限》，是他们集体研究的第一个重要成果。这是人类对高生产、高消耗、高消费、高排放的经济发展模式的首次认真反思。尽管这本书的一些具体预言和结论和事实有出入，但是该书提出的极限意识则可以说是时代精神的精华，是任何人也不得不认真思考的问题。那种认为经济增长天然合理的观念寿终正寝了。世界各国必须联合起来，协调一致地行动，找出一条能够保证我们的子孙后代持续发展的道路。罗马俱乐部的活动是生态环境史上又一件划时代意义的事情，从此，生态环境开始成为世界性关注的问题。1972 年 6 月 5 日在瑞典斯德哥尔摩举行了世界全球性的官方环境会议——联合国人类环境会议。这是世界各国政府共同讨论当代环境问题，探讨保护全球环境战略的第一次国际会议。6 月 16 日第 21 次全体会议通过了《联合国人类环境会议宣言》。《宣言》宣称："现在已达到历史上这样一个时刻：我们在决定在世界各地的行动时，必须更加谨慎地考虑它们对环境产生的后果。由于无知或不关心，我们可能给我们的生活和幸福所依靠的地球环境造成巨大的无法挽回的损害。反之，有了比较充分的知识和采取比较明智的行动，我们就可能使我们自己和我们的后代在一个比较符合人类需要和希望的环境中过着较好的生活。"1973 年，作为联合国统筹全世界环保工作的组织，环境规划署的成立，促进了环保的全球统一步伐。人类开始协调一致地行动，对付共同的危机。1987 年，受 38 届联大委托，挪威前首相布兰特夫人带领世界环境与发展委员会的成员们，提交了《我们共同的未来》这一发展报告，系统地研究了人类面临的重大经济、社会和环境问题，提出“可持续发展”概念。人类开始认真思考工业文明那种单纯追求经济增长和经济利益的发展模式。以生态环境问题为前提的可持续发展的步伐虽然步履艰难，但是终于迈步向前了。

工业文明虽然只有二三百年的历史，但是它在物质成果上却取得了前所未有的成功。工业文明所到之处，虽然伴随着各种各样的丑恶，但确实解决了人们的衣食温饱问题。更为重要的是，率先建立工业文明体制的西方国家，凭借其工业文明的物质优势，建立了世界霸权，左右着世界政治、经济格局和主流思想文化观念。在这种情况下，对任何一个民族国家而言，如果不能融入工业化的潮流，就意味着被排斥于主流世界之外。发展中国家想尽一切办法追赶发达国家；发达国家则力图在世界性竞争中继续保持优势。就这样，工业文明彻底改变了一切与工业文明不相符合的文化观念。此前人类具有的与自然和谐相处的观念几乎荡然无存。追求经济增长，追求高消费，征服自然、改造自然，这种人与自然对立的观念成为主导的社会意识。

近代以来观念的改变，是通过近现代科学的建立开始的，并通过工业文明的扩张取得优势地位的。在近代科学诞生、传播开来以前，自然在人们的眼里是一个充满灵性，与人血肉相连、息息相关的自然。自然对人具有神奇的魅力，人们膜拜自然，崇敬自然，人与自然具有一种天然的和谐。

原始社会，在人类的蒙昧意识中，人与自然是一体的。图腾崇拜的观念，认为人和自然物具有血缘的联系。所有的自然物在当时的人看来都和人一样有感情、有思想，是不能随意触犯的。各种各样的禁忌约束着人们不能对自然任意的索取。农业文明时代，人类强大了，认识到自己比各种动物具有优越性。但是，人类认为人类与其他自然物的区别不过是等级上的，而不是本质的。基督教认为万物和人都是上帝的造物，人类顶多不过是伊甸园的管理者，他们可以利用各种自然资源，但是无权对自然滥施改造。佛教把一切生物都称作“有情”，人是诸有情中的一种。各种有情生命之间没有绝对的界限。当一个生物死去的时候，生命并不是绝对完结了，而是进入“轮藏”，开始生命的又一轮“轮回”，它可能成为一个植物，也可能成为一个动物，甚至可能成为一个人。各种生命都是依存相连的。所以，佛教主张爱惜、爱护生命，不能杀生。后来，这种不能杀生的观念就演变成素食的观念。现在许多生态保护主义者也是素食主义者，在一定程度上也是受了佛教的影响。中国民间的宗教信仰，演变为道教，是一种从古代万物有灵论演化而来的多神教。我们的这种朴素的宗教，比佛教更加注重对自然的尊重。道教和民间宗教信仰认为，任何一种自然物背后都有神灵的支配。人如果对自然滥施侵犯，必然招致神灵的报复和惩罚。这些宗教信仰描绘的是一个神奇的、充满灵性和魅力的世界，这个世界的万物与我们息息相关、血肉相连。所以，工业文明之前的人类是天然的生态环境保护者。

自近代以来，人们对自然的态度发生了根本性的转变。弗朗西斯·培根提出，我们要逼问、甚至是拷问自然，以便从中发现自然的规律，从而把知识转化为巨大的力量，去改造自然造福人类。

那么，工业文明下的人们为什么失去了对自然的敬畏和膜拜，肆无忌惮地改造起了自然呢？这起源于科学对自然的“祛魅”。宗教信仰把自然描绘为被神秘力量支配的充满灵异的世界，这种观念阻止了人们对自然奥秘的探索。一切都是由神灵支配的，人们只要把一切难以理解的现象归之于神就行了，或者，只要认识神就认识了一切，科学就是不必要的。在这种情况下，科学要发展就必须对自然进行“祛魅”，破除自然神秘的、灵异的面纱。欧洲 17 世纪以来唯物主义观念的兴起，对科学发展起到了推波助澜的作用。在唯物主义看来，自然就是物质的总和，一切事物都是按照物质固有的机械运动的原理组织起来的。生命乃至人都不过是复杂一些的机器而已，没有什么神秘的东西。科学强调，只有尚未被认识的东西，没有不可认识的东西。科学所到之处，一切关于自然灵异的、神圣的观念都失去了魅力。科学推动了工业文明，工业文明在物质成就上的成功又强化了科学的观念。终于，自然在人类面前失去了灵异的魅力，不再具有与人血肉相连的生命联系，仅仅只是人类享乐所需物质资料的来源。人们不再敬畏自然，只是一味地征服、改造自然，从自然贪婪地索取物质资源，最终的结果是人与自然和谐关系的破坏。

之所以提出建立生态文明，就是要重建人与自然的和谐关系，使人类在保持物质文明成果的基础上，持续、健康地发展。要达到这一目的，第一步是要改变观念，传播现代生态环境意识，使人们重新认识到人与自然血肉相连的生命联系。美国学者大卫·格里芬针对近代以来科学对自然的“祛魅”，提出要为自然“返魅”，他试图建立一种新的世界观，从微观世界出发，把各种物质存在都描绘成有目的、有意志、能够进行自组织活动的存在。当然，经过现代科学的洗礼，人们很难像古人那样把自然当作神秘的充满灵异魅力的东西来崇敬，现代社会已经不可能恢复古代社会关于人与自然关系的那种宗教信仰式的观念。格里芬的观点也未必有充分的根据。但是，有一点是肯定的，那就是，我们对生态环境应该有一种感情上的关怀。这种感情未必是建立在宗教信仰基础上的，而是可以建立在我们对生态环境与人的本质关系基础上，建立在对人类整体利益和可持续发展的反省基础上。这种新的生态观念应该包括以下几个方面：

第一，人与地球生态家园血肉相关的生命联系观念。这种观念不是说生命间的轮回，也不是说万物都是上帝的造物。而是对人与自然生态本质联系的认识。人和地球上的各种生物是经历了地球上生态环境的进化的产物。在进化的过程中，各种生物之间，以及各种生物与生态环境之间，形成了复杂的相互依存关系。任何一种物种或一个局部生态环境的变化都对整个地球生态产生或大或小的影响，从而对包括人在内的每一个物种产生或大或小的影响。所以，我们对生态环境的任何一种改变都应该谨慎和警惕，更不要说大规模破坏生态环境了。

一些幻想家和小说家在他们的作品里描绘地球生态环境遭受彻底破坏之后，人类在地球之外找到新的栖息之地。这只能是一种自欺欺人的幻想。且不说在太阳系中没有这样的一个适宜于人居住的星球，而距地球最近的恒星到地球的距离也有几万光年，按照我们所知的科学理论，根本无法实现这样的星际旅行，更不要说大规模地移民了。更为重要的是，这种幻想低估了人类与其居住的生态环境之间的生命联系。其他星球即使适宜于生命的生存，有生命存在，那里的生命也必然是该星球自身长期演化的结果。作为地球物种之一的人类，离开地球的生态环境，来到一个与自身原有生态环境完全不同的新的环境，能否生存下去，恐怕要打上一个巨大的问号。所以，“只有一个地球”的意义，远不像这句话字面上的意义那么简单，它是人类命运的谶语。地球生态环境与我们的生命血肉相连，我们必须充满感情地去爱护它。

第二，可持续发展意识。工业文明那种只考虑经济增长的社会发展模式，是一种建立在个人的自私自利的人类中心主义基础之上、目光短浅的模式。这一模式被个人无休止的物欲所驱动，只顾眼前利益，不为未来着想。所以，我们才无所顾忌地消耗各种物质资源，破坏生态环境。但是，既然“我们只有一个地球”，那么，人类文明的发展就必须立足于这一个地球家园的生态环境条件来发展；既然我们是“人类”，我们就不能仅立足于个人，立足于眼前来考虑问题。我们必须为人类整体着想，必须为子孙后代着想。“我死后哪怕洪水滔天”只能是暴君的不负责任的想法。因此，我们必须树立可持续发展的观念，这种可持续发展观念，是一种在发展中克制、谨慎的意识，它要求我们保护生态环境，节约资源，为子孙后代，为整个人类的发展，留有充足的余地。

第三，生态环境的伦理意识。孔子说，“人而不仁，如礼何”，意思是，人如果没有道德伦理的自觉，就是有再多的礼仪规定也是

没有用处的。人类的先哲，释迦牟尼、苏格拉底、耶稣等也都像孔子一样重视伦理道德，因为，人类社会的秩序都是靠每一个人的一言一行来实现的，只有暴力的强制，没有绝大多数人的自觉自律，任何一种秩序都难以长期维持下去。工业文明造成的生态裂变，不是哪个人，哪个国家的事，它涉及每一个人和每一个国家。要让每一个人、每一个国家都为生态环境问题负起责任，根本无法靠强制来实现。在这种情况下，我们必须把生态环境意识上升为道德伦理意识，使每一个人都认识到，过度消耗资源、破坏生态环境，是为害他人、危害人类的不道德行为。只有这样，我们才有望从根本上扭转工业文明那种面对生态环境无所顾忌的态度，走上一个人与自然和谐的良性发展之路。

第四，日常生活的生态意识。工业文明下生活的人们，已经习惯于高消耗式的生活方式。人们吃饭吃的是精加工的食品，穿衣穿的是时尚流行的服装，使用的家电和其他生活用品是最先进的；住房追求宽大和现代化设施的齐备，冬有暖气，夏有空调；出门乘坐舒适的现代化交通工具，最好还有家庭轿车。这一切都是建立在对资源的大量消耗和产生巨大污染的基础上的。工业文明造成生态裂变的根本原因正是它对自然资源的过度消耗和资源消耗过程中产生的污染，而资源的消耗和污染最终起源于人类的消费。因此，解决生态环境的危机也有赖于人们生活、消费方式的改变。

中国人有一句古话说，“由俭入奢易，由奢入俭难”，人类已经形成了这种奢侈式的生活方式，回归于简朴已经不那么容易了。但是，人类的地球家园已经负担不起这种巨大的消耗。每一个人在日常生活中起码应该具有一些生态环境意识，克制自己，逐渐地移风易俗，走向合乎生态文明的生活方式。刘兵先生所著的《保护环境随手可做的一百件小事》（吉林人民出版社）一书，告诫我们从日常生活入手，随时注意，即可保护我们的生态环境。如使用布袋，而不要使用塑料袋；节约粮食；一水多用；拒绝使用一次性筷子；拒绝使用一次性用品；拒食野生动物；不穿野兽毛皮制作的衣

服；不进入自然保护区核心区域等。

在今天的一些发达国家，公众已经开始具有了良好的生态环境行为习惯。在德国，环境保护的观念早已在人们的心目中根深蒂固。从德国家家户户门前的垃圾桶，到商店的购物袋，无处不体现出德国人的环保意识。初到德国的人难免会对家家户户门前花花绿绿的垃圾桶产生好奇。每户德国居民住宅门前一般都有黄、蓝、黑、绿四只色彩鲜明的垃圾桶，桶上都贴着简明易懂的垃圾分类图案。黄桶上列明装废弃金属、包装盒和塑料，蓝桶和黑桶分别“吞食”废纸和普通垃圾，垃圾桶家族新成员绿桶，则收集从普通垃圾中新分类出来的茶叶和蛋皮等生物垃圾。在倒垃圾方面，德国的规定十分繁多，但大多数德国人都能一丝不苟地按照规定办事。垃圾分类回收有利于废物再利用和降低垃圾污染，同时又能增加经济效益。实施多年的垃圾分类回收，是德国重视环保的一个缩影。在德国的城市中，大片的绿地和花坪也是随处可见。在德国，凡去超市购物的人大多不会忘记自带购物袋。因为如果不带购物袋，就需多支付0.5马克或1马克用以购买店家提供的塑料购物袋。而1马克在超市可以买到1.5升牛奶或10个鸡蛋。塑料袋这样不菲的价格迫使人们不得不自带购物袋。超市里出售的矿泉水大多是玻璃瓶装的，如果买塑料瓶装的矿泉水，价钱则要贵一些。超市中所售的其他饮料大多为易拉罐和纸盒的，塑料瓶装的比例很小。原因是，玻璃瓶和易拉罐容易回收利用，塑料瓶对环境污染相对较大，不宜过多使用。民意调查显示，德国人的环保意识非常强烈，把保护环境视为仅次于就业和打击刑事犯罪的国内第三大问题。德国人也是一个很自律的民族，长期的环保教育使他们具有了高度的环保责任感，他们对自己国家的自然环境，特别是著名的风景区和旅游胜地珍爱备至，几乎人人养成了自觉执行各项环保法规的习惯。欧洲的其他国家，情形也与德国类似。看来，使人们在日常生活中养成环保习惯还是可以做到的。

如果大多数的人都能够在日常生活中注意生态环境问题，我们

的地球家园就能够在很大程度上得到改善。更为重要的是，人们在日常生活中养成环保的习惯，必然会影响到人们对待工业文明机制弊端的态度，形成广泛的公众基础，推动社会走向生态文明。

现代生态意识的普及，是走向生态文明的先决条件。然而，冰冻三尺非一日之寒，观念的改变也不可能一蹴而就。生态环境保护是一个非常复杂的事情，树立现代生态意识，不是一两个国家、一两个人的事，它应该是从科学理论研究到公众日常生活观念的全面转变。

环境问题是一个复杂的问题，有些方面人们能够在日常生活中直接感受到。如严重的空气、水污染影响人们的生活和健康，引起公众的关注。但是，像深层次的生态环境问题是公众难以直接理解的。像各种物种间及物种与环境之间的复杂联系、臭氧层对地球生态的意义、温室效应的前因后果、某种产品或人类某种活动的长远生态环境后果等，都不是公众凭借直觉就可以了解的。因此，学者在生态环境问题上负有特殊的责任。

首先，生态环境问题是一个科学问题，它涉及生态学、生物学、地球科学等专门自然科学问题；生态问题的解决也有赖于经济学、法学，甚至是伦理学、哲学等人文社会科学的研究。只有通过严肃的科学研究，我们才能从本质上认清生态环境问题的本质，找到解决问题的方案。比如像“白色污染”问题，造成污染的原因是塑料难以自然降解。这涉及塑料的化学构成，现在一些科学家试图在塑料制品中加入一些添加剂，使之能够在自然条件下迅速分解。如果一时研制不出可以迅速降解的塑料袋，那么就应该从经济学、法学的立场研究对塑料袋使用的限制或替代。但是问题远非那么简单。有些地方曾下令禁止使用塑料袋，代之以纸袋。这里的问题是，纸袋的成本远高于塑料袋，许多人不愿意使用；而且，纸袋用纸靠消耗木材制造，造成的生态危害可能会大于白色污染。诸如此类的问题还有许多，这些都不能靠我们的直觉去解决，而必须依靠科学家、学者的研究。

其次，一个产品、一种技术、一项重大的工程、一个新兴的行业，都会有一定的生态后果，公众有权知道事情的真相，科学家和学者也有义务把真相告诉公众，从而用民主的方式解决相关的生态环境问题。

作为21世纪最有前途的基因技术，公众所知道的往往是这一技术能够提高作物产量，解决粮食问题；能够制造基因药物，治疗疑难杂症等。至于基因技术滥用可能带来的危险，公众所知甚少。科学家在进行基因技术的研究和宣传中，就应该明确基因技术可能的负面效应，帮助社会建立起约束其负面效应的机制。

工程方面，像水利工程，特别是大型水利工程总是有一些生态环境的负面效应。但是，长期以来，公众认为，水利，有百利而无害。埃及的阿斯旺水坝，拦截了尼罗河的洪水，造就了稳定的农业环境，提高了粮食产量。问题是，水坝结束了尼罗河千万年来，河水和缓地漫灌下游平原的历史，土地得不到尼罗河上游丰富有机质的补充，日渐贫瘠，盐碱化问题严重。当然，阿斯旺水坝的利弊争端没有定论，但是公众起码在工程建设之前，有知情权。这就像科学家研制出一种新型药物，既能治疗某种疾病，又可能带来巨大的副作用。公众在接受这种药物之前，有权知道该药物全面的情况，并有权决定是否使用它。

仅仅只有科学家、学者了解生态问题的严重性是不能解决问题的。必须让公众了解生态环境问题的真相，具备必要的生态知识和对生态环境问题关注的热情。这也需要科学家和学者担负起向公众宣传、教育的职责。许多科学家和学者往往只是埋头于自己的研究，对于向公众宣传，不感兴趣。但是，回顾生态运动的历史，如果没有蕾切尔·卡逊《寂静的春天》一书那种科学知识与诗意激情结合的文笔，也许不会有那么多人关注杀虫剂问题，甚至不会有此后波澜壮阔的生态运动。科学家、学者应该负起宣传的责任，不能只是埋头书斋，做高深研究。因为，生态环境领域不同于其他自然科学领域，它们与社会决策、公众日常生活领域有着直接的联

系，而非专业领域的公众又缺乏对该问题深刻全面的了解，这对公众参与决策，并在日常生活中形成良好的生态习惯是极为不利的。

要转变观念，使公众具有生态意识，教育是一个非常重要的环节。要根本上转变观念，就必须有系统的生态环境知识，和对地球家园的热情关注。要达到这种程度，只有通过系统的教育才能实现。对于许多成年人来说，他们的各种观念往往已经定型。虽然，许多成年人也能接受一些保护环境、保护野生动物的观念，也会参与、推动生态环境运动。但是，在涉及市场经济的根本利益上，他们往往会舍义而取利。就像美国政府那样，你不能说它没有生态环境意识。美国有专门的生态环境立法，有世界上最早成立的生态环境保护部门，国内生态环境保护状况在世界上也是属于较好之列的。然而，面对全球生态环境恶化的趋势，美国政府却不愿意承担它应该承担的责任。眼前的、一己的利益，凌驾于长远的、人类整体利益之上。究其原因，还是在于没有真正改变自工业文明以来人们形成的利益观念，尚未具有与未来生态文明相适应的生态意识。要走上生态文明之路，改变人们的观念，就应该向成年人呼吁的同时，从下一代着手，使今后的每一代人都具有根深蒂固的生态意识。要做到这一点，系统的生态教育是唯一的选择。

从教育体系方面看，传统教育是为工业文明体制提供人才的。不论是应试教育还是所谓素质教育，都是按照知识—机器—市场的要求，进行各门知识的分科教育。被教育者最终的成才，就是成为某个专业领域的专家。这种教育体系最大的缺陷是它的各种知识的教育都是一个专业教育，缺乏人文精神的教育。

一个完整的教育体系应该包括四个方面的教育内容：

第一方面：日常生活知识和能力。

第二方面：基本自然、社会科学知识及其判断能力。

第三方面：专业知识及其能力。

第四方面：人文知识及人文精神。

第一个方面包括衣食住行和日常社会交往的知识和能力。这是

一个人生存的基本能力，在农业时代这些能力是在家庭生活中自然而然地培养起来的；工业时代，由于生活节奏的加快，儿童往往在家庭中不能完全得到这方面的完善教育，学校教育在相当长一段时间内不屑于从事这方面的教育；相反，学校教育有时会推崇一些科学“怪人”，这些“怪人”或者缺乏生活自理能力，或者具有这样或那样的怪癖。这本来是这些“怪人”的缺点，由于他们的成就，人们容忍了这些缺点，但这些缺点却在教育中被津津乐道。正像鲁迅先生讽刺的那样，没有成名士，先有了名士脾气，那可怎么得了。

第二、第三方面是现代学校教育的重点，是现代教育最大的成功。第四个方面，是现代学校教育最大的失败。虽然现代社会的发展肇始于欧洲文艺复兴和启蒙运动人文主义精神的兴起，但这种人文主义精神在现代教育中却破碎了。西方教育强调个人奋斗的成功素质，东方教育强调具备必要知识为集体、国家做出贡献。这些都没有错。问题是，这样的教育理念只是把教育对象当作特殊的人来培养，即当作对经济增长有用的、专业的人才来培养，忽视了把教育对象当作一个人，一个一般人所需要素质的培养。

人文精神是对人类自身命运的责任和担负起这种责任的批判、判断能力。文艺复兴和启蒙运动的人文精神为人类从宗教和封建压迫中获得自由、赢得尊严起到了振聋发聩的作用。但是，自文艺复兴、启蒙运动以来，人文精神却又重新被分门别类的知识和技术淹没了。每一个人在教育中，都成为一个专业工作者，按照严格的逻辑程序解决各种具体问题，对人类整体的关注和热情淡漠了。生态环境是关系到人类命运的问题，走向生态文明，需要我们以极大的人文热情，反省和批判工业文明体制，找到人与自然和谐的、可持续发展的道路。每一个人都应该有超越于个人、小集团，甚至是民族国家的狭隘利益眼光，把全人类的福祉放在心上。我们的教育体系，虽然偶尔也涉及一些人文知识和人文精神的问题，但缺乏把人文精神的整体思考纳入教育体系的教育体制。所以，我们一代代培

养出来的是德国哲学家马尔库赛所说的“单向度的人”，即专业的、机械的人，缺乏批判、反省精神的人。在这种情况下，人们只能沉浸于工业文明的成就，是无法超越它而走向生态文明的。

从教育内容方面看，传统教育在生态环境方面的缺陷更为严重。年龄在30岁以上的读者，也许还记得自己从小形成的关于现代化的观念：成排、成列地冒着黑烟的烟囱，机器、机动车辆无处不在，遍地开发着的矿山、油井和工地。这就是传统教育给我们的现代化的理想。传统教育体系是在工业文明的发展中形成的，与工业文明高度相适应，但却与生态文明不合拍。

从教育方向和教育内容方面看，传统教育在基本价值取向上，是极端人类中心主义的，所有的课程都从“知识就是力量”这一征服、改造自然的角度来讲授。科学被认为只具有积极的一面，没有消极的一面。科学家在这种教育体系中被当作英雄来推崇，因为他们的知识为人类征服、改造自然做出了巨大贡献。在实施和接受这种教育的人看来，科学差不多是万能的。当然，人们不得不承认有许多尚未解决的问题困扰着科学、困扰着人类，但这被认为是前进中的问题。人们确信，随着科学的发展，没有解决不了的问题。人类在这种教育中越来越走向盲目的自信，极端人类中心主义的观念不断得到强化。即使出现了严重的生态环境问题，人们仍然认为，随着科学的发展，这些问题会自然而然得到解决。

在人与自然的关系上，传统教育是功利主义的，它主要向学生宣传一种狭隘的“资源”观念。一切自然物的价值都从对人类有什么直接的用途来评价。在我们的地理教科书上，平原是适宜于农业的地方，沼泽、湿地是尚未开垦的农田，山区如果没有矿务资源那就很糟糕，森林是木材的来源，海洋能给我们带来大量鱼类蛋白。不同地理类型按照是否适应人类居住分成好的和不好的。在生物学教科书中，这种取向也相当明显。每一种物种在被介绍给学生时，就像李时珍的《本草纲目》一样，在描绘这个物种的各种性状之后，最后的落脚点必定是该物种对人类的用途。没有这一方

面，那就是很大的遗憾。对人类生活无直接关系的物种是很难出现在中、小学的教科书中。在这样的教科书上，微生物的价值在于帮助人消化或用于发酵；动物按照对农业生产和其他人类活动的影响被分为害虫、益虫；植物则按照药用、食用或其他方面的用途来评估；当然，所有野生生物，最终都还会有一个经济价值的评价。生物的生态价值则很少会被提到。

要使生态意识得到普及，教育内容必须改革。应该在教育的各个不同层次上开设专门的生态环境课程。使学生了解人与生态血肉相连的本质联系，了解生态中物种之间以及物种与环境之间的复杂联系，具备必要的保护生态环境的知识和能力。另外，对学校教育中的其他课程也应该反省教育内容中与生态意识矛盾的知识，从总体上培养人与自然和谐的精神，使人们热爱大自然，热爱地球家园，爱护周围环境。传统教育中，也不能说完全没有这方面的内容，但这些内容往往是与资源意识或者审美意识联系在一起的。从资源意识看，大自然提供了我们所需的物质资料；从审美意识看，大自然有秀美的景色，壮美的山河，给大众以愉悦，给艺术家以灵感。这样的教育是有意义的。但是，还应该再进一步，把这方面的教育与人与自然的和谐，与生态环境意识结合在一起。必须使每一个人意识到，我们热爱自然，不仅是热爱自然物质资源和自然美景，而且是热爱自然整体和每一种自然物的生态价值。

从某种意义上说，我们生活在一个大众传媒控制舆论的时代。原始社会，人们的知识依靠口耳相传，所以，诗歌、神话成为人们保存、传播知识的途径。人们在几乎固定不变的宗教禁忌、风俗习惯下生活。农业文明以来，人们有了文字，知识的保存和传播有了可靠的媒介。但是，在纸和印刷术发明之前，刻在竹简上或写在羊皮纸上的书只有僧侣和贵族能看到。在这种情况下，公众所知有限，对社会事务几乎没有发言权。随着纸张和印刷术的出现，特别是活字印刷术的出现，书籍逐步成为大众化的东西，知识开始被一般民众所掌握，民众也就开始具有参与社会决策的意识和能力。

西方人认为，兴登堡发明活字印刷术，使《圣经》走入寻常百姓家，导致了宗教改革运动的兴起，撬开了中世纪的大门，才有了近、现代社会的发展。现代社会的发展当然有着复杂的原因，不是一个简单的印刷术的问题，否则，率先发展出雕版印刷和活字印刷术的中国应该最先进入工业文明社会才对。但是，谁也不能否认知识的传播在社会发展中的重要作用。在历经几次工业革命之后，报纸、无线电广播、电视，以及最新的互联网组成了强大的大众传播媒介。大众传媒在传播科学知识、民主意识方面起到了巨大的作用。公众开始具有足够的知识和意识参与社会生活和社会决策。大众传媒造成了这样一种局面，任何一种重大社会政策和社会变革，如果它的动机和理由不被公众所理解和接受的话，它是难以成功的。生态意识的普及，生态文明的实现，也必然有赖于大众传媒的参与。

传媒在生态环境问题上起到了两个相反方面的作用。一方面，现代传媒也是工业化的产物，传媒技术来自于工业，传媒本身是一个产业，它们按照商业的模式来运作。所以，传媒信奉的是工业文明的理念。特别是现代化早期的传媒，他们为经济增长欢呼，热心鼓吹市场经济的消费模式和消费观念，通过传奇、故事、新闻、广告创造流行时尚，强化了现代人追求高消耗的生活方式信念，使人们在面临生态环境危机之时仍然难以彻底改变观念。

另一方面，作为企业的现代传媒机构必须吸引消费者，所以，大众传媒必然迎合大众的口味。这样，传媒在鼓吹财富、成功、消费的同时，还积极地猎奇，寻找具有刺激性的热点问题。因此生态的深度裂变，野生动物悲惨的命运，可怕的环境灾难、科学技术滥用的恐怖后果也成为媒体炒作的热点之一，无形中使大众了解到了我们的生态环境困境。问题是，媒体仅仅只是把生态环境当作一个炒作的热点，关心的只是耸人听闻的消息，刺激性的场面，对于改变公众观念，影响社会决策并不感兴趣。这些传媒很可能刚刚报告温室效应的可怕后果，发布空气质量公报，马上又把新潮车展争奇

斗艳的新型轿车展示给大家，感叹轿车进入家庭的步伐太慢；前面在谴责滥砍滥伐、浪费资源，转眼又将奢靡、非生态的生活方式展现给大家。由于大众传媒对舆论和公众意识的强大影响，传媒这种模糊的、甚至是自相矛盾的态度，对形成系统的生态环境意识没有多大帮助。所以，应该促使传媒业彻底的反省，在传媒中体现真正的生态精神，依靠传媒巨大的影响力，促进生态意识的普及。

第三节　可持续发展的新机制

生态意识的普及只是解决生态环境问题，走向生态文明的第一步。在某种意义上说，具备生态意识只是把生态环境问题提了出来，问题的解决还需要我们付出巨大的努力。孔子说，“仁者，爱人”，“泛爱众而亲人”；耶稣基督要求人们“爱你的邻人，爱你的仇人”。爱，在一些时候缓解了我们的一些小摩擦，使人们的生活有一层温情脉脉的面纱。但是，人类面临的重大问题，或任何问题的深层根源，从来没有听说过靠爱能解决的。生态环境问题靠人们的善良愿望也是难以解决的。马克思有一句名言：“思想一旦离开利益，就一定会使自己出丑”。利益，这正是问题的关键。前面，我们曾经分析了生态裂变与工业文明之间的体制的关系。生活在工业文明体制下的人们，其利益关系受制于知识—机器—市场的体制。

就个人而言，他们物质生活水平的提高，依赖于经济增长和市场的繁荣。而生态环境问题的解决，必须对经济增长的方式和市场经济体制加以制约和限制。这种制约和限制必然会影响个人物质资料的消费。当人们看到生态裂变的恶果时，大家都会追随他人高喊生态环境保护的口号，但是如果让人们因此而改变由来已久的生活方式时，许多人仍然是无动于衷。就企业而言，如果将生态环境因素计入经营的成本，必然会影响到它的盈利。绝大多数企业对生态环境保护持消极态度也就不是什么奇怪的事了。就政府而言，它不

可能将自己置于公众和企业的对立面，当面临经济增长、市场繁荣，与生态环境利益之间的政策抉择时，它很可能舍弃后者而选择前者，否则，它就会失去自己的社会基础。因而，在许多情况下，政府的行为显得不可思议，一方面，它大力提倡生态环境的保护，制定法律和政策，实施环境保护的措施。另一方面，它又继续执行造成生态裂变的传统的产业政策。

这一系列的矛盾，是由于我们依旧处在造成生态裂变的工业文明机制之中，个人、企业、政府都受到知识—机器—市场机制所造成的利益格局的制约。要改变这种局面，就必须打破旧的利益格局，建立起与生态文明合拍的新机制。这个新机制，应该从技术、社会两个方面入手。

科学技术是工业文明赖以建立的知识基础，是工业文明体制中非常重要的一环。如果说工业文明体制造成了生态的裂变，那么，科学技术在其中起到了推波助澜的作用。我的意思绝对不是谴责科学技术。我前面说过，科学技术在价值上是中性的，它既可以被用来造福于人类，也可能被用来危害人类。所以，我们必须对科学技术的应用持道德上和理性上的谨慎态度。但这也决不意味着因噎废食，放弃科学技术。

人类在科学技术基础上建立了高度发达的物质文明，虽然这一物质文明出了问题，放弃这种文明只能是极少数人乌托邦式的幻想。如果我们想在这一物质文明基础上继续前进，科学技术就仍然是我们不可缺少的进步的支点。

可持续发展理论的提出与完善是人类社会自身发展的必然选择。人类社会发展的历史证明，科学技术是人类生存和发展的重要基础，也是现代人类社会进步的重要支柱。强大的科学技术也是可持续发展的重要保证。人类所掌握的当代科学技术手段，不仅能够在地球上创造无数个“沧海变桑田”的奇迹，也能够毁灭地球上的一切生物和所有的人类文明成果。当前，由于多种因素所造成的人口、粮食、环境、能源、资源等问题日益凸现，这些问题严重阻

碍着人类社会的可持续发展。要实现可持续发展，必须大力依靠科学技术，充分发挥科学技术的作用。大力发展科学技术是解决以上社会问题实现可持续发展的必由之路。

第一，可持续发展的引导作用。引导作用可以分为两点：其一科学技术有助于人们建立可持续发展的新观念。可持续发展作为一种全新的发展观，着重从人口、资源、环境的整体作用上，探索社会物质生产所依赖的社会经济环境与自然生态系统的相互关系，它要求人们彻底改变对自然掠夺式开采与利用的观念，建立可持续发展的新观念。要实现可持续发展，首先要建立新的发展观，在全社会实现观念的转变。因为观念对人类的行为起支配作用，有什么样的观念，就会有什么样的行为。20 世纪以来，现代自然科学获得了全面的发展，各个领域都取得了许多新的成就，如相对论、量子力学、基本微粒理论、分子生物学、现代宇宙学、控制论、信息论、系统论等，这些新的成就，把人们的认识水平提高到一个崭新阶段。总之，自然科学能够揭示自然界的未来面目及其发展规律，帮助人们获得正确的认识。新的发展观正是人们依靠科学技术对自然界及其发展规律的新认识。要让这一观念深入人心，还得依靠科学技术的进步。

其二科学技术对制定可持续发展战略的影响。战略研究的主要特点是全局性、长期性、层次性。战略的制定离不开科学技术的指导。为了制定可持续发展战略，需要对气候变化、资源消耗增长率、人口动态和环境退化等领域进行考察，需要考虑这些领域及其相关领域的变化情况，更好地了解地球生态系统的陆地、海洋、大气以及与之相联系的水、养分和生物地球化学循环和能量流动，以便更精确地了解地球的负荷能力及其如何对人类活动施加的压力进行反应。在这一考察过程中，科学与技术可以提供依据与手段，使考察更接近于真实性、全面性与系统性，为制定科学的战略而服务。依靠科学可以健全和完善环境与发展管理体系。只有在科学技术的支持下，人类才能解决人口激增与资源短缺之间的矛盾，才能

协调发展与环境保护之间的关系。制定可持续发展战略时要考虑到科学技术的发展潜力及发展前景。当今人类“绿色科技”，只有建立在可持续发展基础上的科技活动，才称得上是“绿色科技”，才能称得上是进步的科技。在制定发展战略时就要充分考虑到这一点，否则会与原定的目标背道而驰，就不能实现可持续发展。正确的战略制定以后，就要有正确的措施来保证其实施，而正确的措施来自于科学的决策。决策是一个动态的过程，一个健全的决策过程应是一个科学的系统，其每一步骤都有科学的含义，相互之间又有一套科学方法给予保证。在具体实施时，科学技术可以提供依据和手段，促进管理水平的提高，深化人类对自然规律的认识，科学地开拓新的可利用的自然资源领域，协调开发、利用与保护的关系，做到既有效地最大限度地利用自然资源，又能保护自然资源和生态环境的系统性和平衡性。

第二，科技对可持续发展的促进作用。也可以分为两点：其一科技的发展将促进经济与社会的全面发展。人类文明史与科学发展史都说明，科学技术对经济发展具有决定性的促进作用。考察世界经济强国的发展史，其经济发展无一不和科技的发展有密切的关系。在四大文明古国、古希腊罗马文化及阿拉伯文明（700—1000年）之后，由于中国四大发明输入欧洲等诸多因素影响，在意大利兴起文艺复兴运动，进一步推动和诱发了英国的科学革命、技术革命和产业革命，带动了西方经济的发展，出现工业发达社会。在电力技术革命时期（1879—1930年），世界科技中心由欧洲转移到美国，美国实现了工业化，成为世界第一经济强国。第二次世界大战后，日本抓紧机遇，提出“技术立国”、“技术称霸时代”、“高技术时代”的口号，利用各国技术之长，走出一条不断创新不断综合的发展生产技术的道路。20世纪50年代以来，随着微电子技术、生物技术、材料技术等一大批高新技术的迅猛发展，世界上正在掀起一场高科技革命。在新的世纪里，这场高科技革命将会推动整个经济与社会的全面发展。由于科学技术的发展呈指数增长，它

对社会发展的影响与作用是不可估量的。不断发展的科学技术经常会创造出一个全新的社会来。高速公路、高速铁路缩短了空间距离，给交通运输和贸易带来了很大的方便；信息技术的发展引发了通信业的革命，大大缩短了时空距离；生命科学与技术的发展将导致一场全新的绿色革命，并为人类延长生命、优生优育及整体素质的提高开辟了广阔的前景；新材料和新的制造技术的发展将把产品的质量、成本、售后服务提高到一个全新的水平等。科技对经济的促进作用只有当科技与经济实现一体化时才能显现出来。而科技一旦与经济相结合必将产生巨大的力量。在当今世界各国的经济发展中，科技进步所起的作用越来越大。科技进步对经济增长的贡献已经明显超过资本和劳动力的作用。

其二解决环保、能源等问题要依靠科技。可持续发展需要科学地研究地球对人类的承载能力和支持生命的能力以及对人类活动的恢复能力，弄清自然生态系统被破坏的具体原因，掌握土地、海洋和大气的能量流动之间的内在联系及变化规律等。这就是要求人们必须综合运用各类学科的知识和必要的监测分析技术。事实上，近年来迅速发展的人类生态学、环境科学等学科群，已对系统认识人与自然的关系、制定科学的可持续发展战略和环境保护政策等方面发挥了重大作用。技术进步又为人类协调自己与环境的相互关系、改善和优化自然环境提供了物质保障。环境保护是一个巨大的开放的系统工程，它既是人类的认识问题，更是人类的行动问题；它既是关系到每个国家，每个民族以至每个人的切身利益问题，又是关系到全世界人类的生存和发展问题；它既是一个经济生产和社会发展问题，又是一个十分重要的科技问题。因此，解决环保问题，必须依靠科技的进步。探讨环境问题的形成原因和预测方法，需加强科学研究；防治环境污染，从根本上说，还是要依靠科技进步。英国泰晤士河自然景观和生态环境的恢复，足以显现出人类依靠科技治理环境污染，控制这一全球性问题的光明灿烂的前景。

能源问题的解决，也要依靠科学技术的进步。要实现可持续发

展，仅靠现有的能源及利用方式是不可能的。我们要依靠科技进步，一方面提高经济增长的质量，优化结构，使各国经济走上能源节约型发展道路；另一方面要坚持能源开发利用与环境保护协调发展，积极开发和推广应用节能技术和先进的可再生能源利用技术，从根本上解决能源问题。新能源的开发和利用将为人类有效地解决人口、资源、环境污染，为人类实现可持续发展提供了保证。

总之，现代科技的发展为人类提供了一个方便、舒适、快捷的生活环境和生活方式，为社会的稳定和持续发展奠定了一个坚实的基础。可持续发展的每一个领域——人口、资源、环境、经济、社会都有对科技的要求，科技对于发展的每一个方面也都有巨大的促进作用。现代社会生产力的发展，社会财富的创造和增长，控制人口，消除贫困，开发可持续利用的能源，保持生态和环境的平衡都越来越依靠科技的进步。只有科技的发展和突破，人类所面临的人口膨胀、粮食短缺、能源危机、资源枯竭、环境破坏等问题才有可能逐步得到解决；只有在科技的支持下，人类才会最终实现可持续发展。

从可持续发展的角度看，我们必须谨慎对待科技的研究及其成果的应用。其中最重要的一点在于，科技的研究和利用必须把生态环境问题当作是一个重要的前提。如果科学家、技术专家负起生态环境问题的责任，科学技术将是我们走向可持续发展社会的巨大的推动力。

在这个走向生态文明的时代里，我们更需要的是绿色技术。所谓绿色技术，就是有利于环境保护的一类技术的总称。绿色技术不仅能够提高生产效率和优化产品，同时也能提高资源和能源的利用率，减少污染和改善环境质量。绿色技术是 21 世纪可持续发展的技术领域，已受到各国政府的高度关注。绿色技术的认定，即什么样的技术是真正的“绿色”？对此，至今颇有争议。但有一点是肯定的，即：绿色技术的应用不能形成对环境污染。作为一项技术，是否构成对环境的污染，是要看用此技术进行生产的过程中或者最

终产品是否造成对环境污染。

有一个典型的例子，即滴滴涕（DDT）。在相当长的一段时间内，人们一直用它来杀灭害虫，效果也比较理想，但谁也没有想到，应用了许多年的滴滴涕，对环境造成了严重的污染。因为滴滴涕在自然界中不会被分解，它在土壤中被植物吸收，植物成了牛羊的饲料，进入动物的体内，人吃了牛奶羊奶、牛肉羊肉，滴滴涕就又进入人的体内。滴滴涕因为在体内也不被分解，最后积累在体内，越积越多，就对身体产生危害。所以，许多国家都已禁止生产和使用滴滴涕。因此，我们识别什么样的技术是绿色技术，很重要的一条就是既要看最终产品，又要进行综合分析。为了治理白色污染，有些地方就采用纸袋、纸盒代替塑料袋、塑料盒。纸制品是用木材和植物纤维制成的，在自然界中经微生物作用，可以使其分解，不会形成对环境污染。于是人们自以为找到了治理“白色污染”的好办法。但我们高兴得太早了，纸盒不仅成本高，造纸需要消耗大量的木材，要木材就要砍伐森林。砍伐森林实际上就是破坏环境，造成更严重的后果。而造纸本身，又会产生污染物破坏环境。所以，以纸制品替代塑料制品，就目前而言，并不是真正的绿色技术。

绿色技术不是某一种技术，而是应该在所有的未来技术中都应该体现绿色理念。即每一种新型的技术都应该是绿色的，都必须考虑到对生态环境的影响。每一项技术都应该把对生态环境的负面影响降低到最低程度，并且有能力消除对环境的负面影响。我们必须有绿色的能源技术，减少能源消耗过程中的污染。我们也必须有绿色的化学技术，使化学制剂对环境的污染得到控制，并能够用化学的原理、技术和方法去消除那些对人体健康、安全和生态环境有毒有害的化学品。我们必须在我们生产、生活的各个领域拥有绿色技术，这样我们才能进入一个绿色的生态时代。

近年来，高科技的发展，又为我们展现了解决生态环境问题的新的前景。生物技术、纳米技术正把我们带入一个真正的绿色技术

时代。有人认为，生物技术是继信息技术之后未来技术革命的核新技术。通过基因工程对生物基因的控制和重组，我们可以改变生物的原有性状，甚至获得新的物种。前文提到，这种技术具有潜在的危险性，但这并不意味着我们要反对这种技术。只要合理地利用，这一技术具有巨大的生态前景。通过基因技术，我们可以培育高产、高品质的作物品种，从根本上解决粮食问题。这就意味着我们可以减少开垦土地的需求，缓解对森林、草原、湿地等自然生态系统的压力。经过基因技术改造的作物，可以减少对杀虫剂、化肥等化学制剂的依赖，从而减轻污染。另外，生物技术对解决已经造成的污染也提供了良好的前景。生物基因工程专家培养出的专吃石油和 DDT 的细菌。前一类细菌能够解决原油泄漏带来的环境灾难，后一类则可以消除环境中已存的 DDT 残留物。用植物清除工厂污水中的有害物质，也同样取得明显效果。

纳米技术是近年来兴起的高科技技术。它为解决生态环境问题提供了更加有效的手段。纳米技术，是指在 0.1—100 纳米尺度范围内，研究电子、原子和分子内在规律和特征，并用于制造各种物质的一门崭新的综合性科学技术。1 纳米等于 10 亿分之一米。当物质被“粉碎”到纳米级时，不仅光、电、热、磁性发生变化，而且具有辐射、吸收、吸附等许多新特性，可彻底改变目前的产业结构。不难设想，纳米技术在未来的绿色革命中将大显身手，给环境保护带来突破性变化。

纳米技术首先在减少能源消耗方面具有极大的功效。采用纳米技术的灯泡，可以提高发光效率，节省 15% 以上的电。进入纳米时代后，世界上将会出现 1 微米以下的机器设备。日本已用极微小的部件组装成一辆只有米粒大小、能够运转的汽车。还制成了直径只有 1—2 毫米的静电发电机，其体积只有常规机器的万分之一。在我国也已有微直升飞机、微马达、微泵、微喷器、微传感器等一系列纳米微机电系统元器件问世。由于纳米技术导致产品微型化，使所需资源减少，不仅可达到“低消耗、高效益”的可持续发展目的，而且其成本极为低廉。可以预料，未来那些资源浪费、造价昂贵的庞然大物型机械设备和车辆将会逐步被淘汰，以实现资源消耗率的“零增长”。

纳米技术在防止污染方面也能够大显身手。纳米技术可以制成非常好的催化剂，其催化效率极高。经它催化的石油中硫的含量小于0.01%。在燃煤中加入纳米级助燃催化剂，可以帮助煤充分燃烧，提高能源的利用率，防治有害气体的产生。最近一种纳米燃油添加剂开始走进我们的生活中。这种叫 NANO 的添加剂，能够让燃油在纳米尺度上充分燃烧，从而大大降低氮氧化物等污染物的生成。

新型的纳米级净水剂具有很强的吸附能力，它是普通净水剂的10—20倍，可将污水中的悬浮物和铁锈、异味等污染物除去，通过纳米孔径的过滤装置，还能把水中的细菌、病毒去除。因细菌、病毒的直径比纳米大而被过滤掉，可水分子以及比水分子还要小的矿物质、元素却被保留下来，经过纳米净化后的水体清澈，没有异味，成为高质量的纯净水，完全可以饮用。有人预言，纳米技术被广泛应用后，纯净水这一行业将会被它所取代。另外，纳米技术在噪声控制，降解化学制剂、生活垃圾方面也都有着诱人的前景。

技术是不能决定一切的，否则，我们只要坐等技术的进步，一切问题就会迎刃而解。事实上，任何涉及人类社会的问题都是不能单纯依靠技术来解决的。瘟疫、传染病的控制在很大程度上要依靠医疗技术的进步。但是，仅靠医疗技术本身，没有社会的协调行动，如病源的控制、良好生活方式的形成，控制疾病传播的防疫、救助体制等，瘟疫、传染病的控制是不可想象的。生态环境问题是比瘟疫、传染病更加复杂的问题，技术的进步能够为我们提供解决问题的物质手段，整个问题的解决必须要依靠社会机制发挥作用。

社会机制发挥作用干预生态环境问题，最直接的手段是通过立法，用行政的、经济的、司法的途径，强制执行生态环境标准。这是目前各国最通行的做法。许多国家在大气、水质、噪声、固体废物、有毒化学品、土地、森林草场、渔业、生物多样性 等方面制定有强制性国家标准，以及贯彻标准的措施和违反标准的处罚规定。我国在生态环境方面可以说已经有了成体系的各种立法。在污染防治方面，有《环境保护法》、《大气污染防治法》、《水污染防治法》、《海洋环境保护法》、《固体废物污染防治法》、《噪声污染防治法》、《有毒化学品管理法》等；在自然资源保护方面，有《土地法》、《森林法》、《动植物资源保护法》等。这些标准和立法，对生态环境保护起到了重大的作用。发达国家人居环境的污染已经基本得到解决。伦敦的雾已经消散，泰晤士河、多瑙河已经变清，日本"公害列岛"的恶名已经不再。我国一些一度污染严重的大都市，近年来的环境状况也得到了明显改善。

通过立法，以法律的途径保护生态环境是一个有效的途径和不可缺少的环节。但是，就像技术不能决定一切一样，仅仅只依靠法律是不行的。一方面，生态环境问题涉及方方面面，法律不可能事无巨细通通都予以规定，而且过细的规定也难以执行。另一方面法律是人制定的，而每个人都处在利益格局之中，法律则是利益斗争的结果。整个工业文明的利益格局不变，问题就不能彻底解决。

我们的目标是改造工业文明体制，建立新的生态文明体制。一个新的文明形态的建立要依靠整个社会的努力。社会必须通过政治、法律、经济体制的重构，对市场经济、技术发展中危害生态环境的方面进行限制和制约。就技术而言，既要建立防止有害生态环境的技术泛滥的机制，又要建立有利于绿色技术研究和应用的利益格局，使技术发展与生态文明的建立相协调。

更为重要的是对市场经济的约束。市场经济确实是资源配置的有效手段，追求利益也确实是社会发展的驱动力之一。但是，任何利益主体追求利益的活动，都必须纳入社会的一定控制之内。实际上，传统市场经济也不是无控制的。问题是，那种控制只是要求经济利益主体之间保持有序竞争，远远达不到生态文明的要求。我们的目标是建立有利于生态环境保护的利益格局和约束机制，使生态环境标准成为包括经济活动在内的各种社会主体的活动的基本规则。这里的关键是我们必须认识到市场也只是我们社会机制中的一个方面，就像邓小平所说的那样，它是我们的手段。对于它促进我们的社会有序发展的一面，我们要支持、保护，而对于它有悖于可持续发展的一面或其他负面的东西，应该而且必须予以制约。市场经济对物质欲望的过度刺激和对物质资源的疯狂消耗可以说是生态裂变的制度根源。这涉及企业经营、市场竞争乃至广告宣传等市场经济的方方面面。解决生态环境问题就必须建立起新的机制，对这些因素予以制约。

第四节　人类的共同行动

有一个神话传说，讲人类原来都是生活在一起，和谐相处。一次，他们决定建造一个通天塔，好到天上去看看。人们协调行动，迅速干起来了。塔一天天高耸入云，引起了天神的恐慌。怎么样才能阻止人们把塔建下去呢？天神决定让人们讲不同的语言。建塔的人们讲起了不同语言，难以协调行动。更为可怕的是由于相互不能沟通，人们起了纷争，建塔的事就半途而废了。建立一个新的生态文明，其艰巨性与建立通天塔不相上下。我们实际上已经找到了共同的语言，那就是，我们只有一个生态家园——地球，保护生态环境是人类可持续发展的基础。接下来的任务是，保持这一共同的语言，协调行动，建立起生态文明，保护好我们的家园。

生态保护主义者经常引用的一个典型的案例，叫作“公地悲剧”，讲的是封建时期的英国，所有的牧人都可以把他们的牲畜赶到公地上放牧。由于都想从公地上获得最大利益，人们都尽可能增加在公地上放牧的牲口数量，最终这一数量超出了土地的承受能力，土地上青草大量减少，土地荒废。地主乘机占有了许多公地，许多人因公地的减少而面临生计问题。这样的悲剧在生态环境史上一而再，再而三地上演着。某地发现金矿，人们一窝蜂似的涌来，都想分一杯羹，到处挖掘，用剧毒氰化物提炼黄金。结果森林、草地被破坏了，土壤、水源被污染了，曾经的家园变得难以居住。黄河、长江、淮河以及巢湖、太湖等水域的污染也是如此，都想限制在本地区上游的排污，然后又都向下游排污，使污染的治理极为困难，结果大家都依然受到污染的折磨。

“公地悲剧”不仅在一个国家范围内发生，也是一个世界性的问题。燃烧造成大气污染，各地的人们都把自己的烟囱建得很高，力图避免自己污染自己。但是四处飘荡的烟尘仍然在大气层里，最终谁也免不了受害。中国排放的含有二氧化硫的烟尘可能在日本引起酸雨；美国的排放，可能造成欧洲的酸雨。臭氧层的破坏不是哪个人、哪个企业、甚至是哪个国家的责任，但却又是每一个享受着现代工业文明的人、企业和国家造成的。人们争相向天空排放温室气体，都不愿意自己负担经济代价而减少温室气体的排放，后果就是，全球气温变暖的趋势越来越严重。

除了两次世界大战之外，生态环境问题恐怕是最早进入人们视野的世界性问题之一。这是由工业文明的世界性扩张和生态的整体性造成的。工业文明的全球性扩张，带来全球性的生态裂变，无须赘述。问题还在于，地球生态体系是一个整体。当然，不同地域，特别是那些相互隔绝的地域，都有各自独特的、相对独立的区域生态体系。像澳大利亚，由于很早以前已经从其他大陆漂移出去，所以，它具有不同于其他大陆的生物群落。像有袋类动物，在其他大陆已经绝迹，而在澳大利亚则有一个完整的种系。其他一些地区，虽然不像澳大利亚大陆那样独特，也都各自具有自己特点的生态体系。地球生态的整体性表现在构成生态基本要素的一体性和相互制约。除了地壳相对稳定，地球各地的土壤环境相互之间影响很小之外，大气、水、森林都会发生世界性的影响。

大气最富于流动性。地球南部的西风带，长年推动着地球大气的转动。南北两极、赤道与其他地区的温差，造成寒流和热带风暴，更是使得大气急遽地变动。大气环流可以将污染物质长距离输送。1990—1991 年海湾战争期间，大量油田被炸毁燃烧。当年，我国设在世界屋脊珠穆朗玛峰的环境监测站，监测到珠穆朗玛峰南坡水环境受到一次严重污染，珠穆朗玛峰绒布河水样中的 15 种化学元素含量于 1992 年夏天比其前后的 1975 年、1980 年和 1993 年、1994 年高出 5—7 倍。监测表明，全球重大环境事件都在珠穆朗玛峰和喜马拉雅山脉这样的环境上有所反映。这说明大气把地球生态环境紧紧连在一起。许多种类的污染都会通过大气扩散到全球。切尔诺贝利核电站爆炸，在南极也发现了相关的放射性物质。

当人们肆无忌惮地向天空排放污染物时，毒害的不仅是自己，而且是他人，是整个生态环境。进入大气的污染物在大气环流的作用下，四处飘荡。有些最终又落回大地，污染土壤、水域。有些则在大气中积聚，使大气环境恶化。酸雨是从大气中返回地面的危害最大的污染。二氧化碳在大气中的积聚则造成温室效应，使我们每一个人都遭受气候变暖的恶劣影响。臭氧层的破坏也是各国各地区持续不断向大气中排放氟利昂的结果。大气的流动，使污染没有国界。

水，也在江河中不断流动，污染也随着水流跨越地域的边界。就像我国的大江、大河横跨几省、区一样，莱茵河、多瑙河、尼罗河、澜沧江、湄公河等也纵贯几个国家。排泄入江河的污染物随着水流扩散。如果上游国家大量向水域中排放污染物，受害的不仅是它自身，还有下游国家。更为重要的是，几乎所有的大江、大河最终都汇入大海。由于海洋巨大的容积和多样性的生物种类，大海具有巨大的包容力，它沉淀、分解了相当大一部分的污染物。但是由于人类有增无减的排污势头，海洋也面临着严峻的挑战。

近年来，我国近海海域每年都要发生多起赤潮事件，每一次都造成巨大经济损失和海洋环境的破坏。除了沿海城市直接向海洋排污之外，江河中日益增多的有机污染物源源不断地涌入近海也是赤潮发生频繁的原因之一。

森林倒是不会像空气和水那样飘荡、流动。但是森林的影响也是整体性、世界性的。最近经常受到媒体、公众观众的沙尘暴，它形成的根本原因除了气候变暖造成的干旱之外，就是我国北方特别是西北森林、植被的破坏。由于这些植被短期内难以恢复，气候变暖的趋势也没有扭转的迹象，专家们悲观地预测道，沙尘暴问题在近期内将愈演愈烈。森林除了对区域整体气候环境有重大影响之外，对全球生态环境也有重大影响。前文曾经说过，森林是地球的肺，它是地球大气氧、二氧化碳循环的重要一环。森林分处在世界各国、各地。每个国家、每个地区都把森林当成是自己的资源。大家都认为自己有权砍伐自己的森林，利用自己的这一资源。结果世界森林资源大规模地减少，温室效应越来越严重，气候越来越干燥，灾害性天气越来越频繁。可以说，大家最终都遭受了砍伐森林的报应。不错，森林是一种资源，但是，它作为资源的最大的意义不是被人砍伐用来做木材、造纸和提供其他工业原料，森林最大的资源价值是它的生态价值。它作为工业原料的资源价值是可以被替代的。但是，它作为多样性生物的家园，它对气候的调节，它作为碳/氧循环的重要环节的生态价值是无可替代的。当每个地区的人都毫无顾忌地砍伐“自己”的森林资源时，地球的森林覆盖率在悄悄地下降，局部的和整体的气候/生态环境则悄悄地趋于恶化。

工业化的全球化和大气、水和森林这些生态环境基本要素的全球性影响，使得生态环境问题是一个全球化的问题。可以毫不夸张地说，每一国家、每一个地区有关生态环境的活动都会对全球的生态环境变化产生影响。结论是不言而喻的，每一个国家、每一个地区都负有生态环境的责任。这个责任是对我们地球家园的责任，对人类的责任。这种责任对我们的一些传统观念和传统做法提出了挑战。其中一个问题就是关于国家“主权”争议。

早在第二次世界大战结束的时候，就有人从战争的根源上质疑国家主权的合法性，甚至提出“主权之恶”观点。20 世纪 70 年代以来，环境保护主义者提出“国家主权是生态环境问题的根源”，他们认为正是各主权国家在军事、经济、政治上的竞争，导致对资源的过度消耗和对环境的高速污染。一些人提出主权概念已经过时，主张削弱甚至根本否定主权概念，从而使人类能够协调一致地解决生态环境问题。

应该看到，否定主权是一种不切实际的幻想。而且在主权问题上也确实夹杂着别有用心的声音。否定主权的论调大多出自西方发达国家，这与它们的强势地位有着密切关系。发达国家在经济、政治、军事上都处于强势地位，鼓吹削弱主权，在某种意义上是它们发挥优势、在世界性问题上占据主导地位、甚至干涉别国内政的借口。但是，也应该看到，按照传统的主权观念，生态资源、环境完全都是主权国家范围内的事，自己可以任意处置，别国无权干涉。这种观念在生态环境问题全球化的今天不利于人类协调一致地行动。起码，应该为主权加上和平协商的限制；应该强调一国生态资源、环境问题的解决不仅是该国的权利，也是它的责任和义务。实际上，在生态环境问题上，国际社会已经开始有了一些有成效的努力，各国就生态环境问题进行了广泛的协商，达成了具有国际法性质的协议和规程。不过，近来在温室气体排放问题上的争议和摩擦，表明世界各国在生态环境问题上进行协调行动，还有很艰难的路程要走。发达国家和发展中国家都必须在未来的发展中切实地负起责任。

可持续发展理论是相互依存时代的发展理论。在这个高度相关、相互影响与作用的时代，任何一国都不可能单独实现全面的、真正意义上的发展。全球化、一体化是相互依存时代的一种趋势，与之并存的则是多元化。人类面临的生存困境与发展挑战一方面呈现出共同性；另一方面，在困境挑战的具体表现形式、解决途径以及轻重缓急的安排程序上显然存在着差异，因为它们存在于具有不同地理经济特征和文化传统的过渡中，所以实现可持续发展必须通过国际对话、合作，必须树立全球性意识。

可持续发展在近些年几乎成了世界各国政治家的口头禅，从欧美到亚非拉，到处一片“本国实施可持续发展战略”的豪言壮语。

实际上，可持续发展问题绝不是哪一个国家的问题，它是一个全球性问题。可持续发展是全人类的共同事业，它是有史以来人类面临的第一个真正富有挑战性的“类问题”。

以生态环境危机为代表的全球问题所表现出的普遍性、整体性，要求人们也必须用崭新的整体思维的方式来看待它。然而，当今社会，各个国家和民族无论在社会制度、意识形态，还是民族利益上都存在着深重的分歧。若将这些分歧悬置起来让大家的思想统合到一起，必然需要有超越这些分歧的，能让大家认可和接受的共同基础。我们以为，这个基础就是人类的共同利益和人类文化的共同性。它们的存在使得人类能够认识到，而且在一定程度上已经认识到，全人类的根本利益和共同利益在一定意义上高于各民族和国家的利益。对环境危机的反思，已经在一定程度上导致人类全面审视自身的各种活动之间的不协调。人类在反思与内省的基础上，观念正在逐步发生转变，不再将自己凌驾于自然界之上，而置于自然界之中。人类要扭转危机，造就一个有序的、和谐的、具有创造性的现实，就必须探索一种适合事物实际性质的思维方式，将我们自己视为整个世界的大系统中的一个子系统，我们包含在其中，也就是我们与这个世界是同一的。只有生活在不同社会制度、有着不同价值取向的现代人和未来人学会协调、交往，才能在新的文明中生存与发展。1992 年联合国环境与发展大会通过的《21 世纪议程》所体现的一个重要原则就是共同性原则，即实施可持续发展需要不同国家超越文化和意识形态的差异，采取联合的共同行动。这一承诺为人类合理的调节人与自然的关系奠定了必要的前提。《21 世纪议程》开宗明义地指出：“为了迎接环境与发展的挑战，各国决定建立新的全球伙伴关系。为了实现一个更有效率和公平的世界经济，这种伙伴关系责成各国持续不断地建设性对话。鉴于国际社会越来越相互依赖，因此可持续发展应成为国际社会议程上的优先项目。大家认识到，为使这种新的伙伴关系成功，重要的是摒弃对抗，促进真正的合作和团结。”《我们共同的未来》也强调，“向可持续发展转化要有所有国家联合行动。人类需要的一致性，要求有一个有效的多边系统。这一系统要尊重协调一致的民主原则，并承认，不仅地球只有一个，而且世界也只有一个。”离开了这种广泛的国际合作，全球性问题的解决就是不可能的。

我们可以观察到，在工业化社会，事实上存在着两种经济增长方式。一种是粗放型的经济增长方式，代表着一种单纯依靠高投入获得快速增长的方式。另一种是集约型的经济增长方式，代表着一种更多地依靠科学技术进步取得增长的方式。十分显而易见的是，前一种增长方式本身就暗含着鼓励环境污染和生态破坏的经济行为。因为，这些行为的外部性成本为全社会的当代人甚至是后代人共同承担，而收益则完全被敛入个人的腰包。所以，消耗的资源越多，制造的污染越多，相对来说所得到的收益就越大，高投入必然带来“高收益”，并进而引起高污染。环境污染和生态破坏本身是一种内生于个人效益最大化过程的行为，要解决环境问题必须寻求市场之外的手段，如政府和社会的干预等，这就是“先污染、后治理”的经济学根源。

把这种与粗放型经济增长方式相联系的状况，同传统农业社会的状况相比较，人们很容易认为，工业革命正是标志着人类对大自然展开了最猛烈的进攻。例如，从200年前的著作中，我们可以非常容易找到人们对工厂冒出的滚滚黑烟的诅咒。但是，这种怀旧式的思潮，在支配人们获利行为的经济理性面前，显得如此不合时宜。而且，在相当长的时间里，环境的代价与发展带来的收益相比，的确微不足道。

发展的代价逐渐使人们认识到人类并非自然界的“主宰”，其生存和发展必须依赖于自然，而且，作为自然界的一部分，人类还必须学会和自然界和谐相处。但是，这并不意味着人类可以退回到以往的阶段上。新的人类历史时期，人与资源、环境的关系必然要有新的形式和新的内容。实际上，只是经济增长方式开始了从粗放型向集约型的转化过程，这种新型的关系才可能形成。所以，人们对自然和环境的科学认识，可持续发展战略的实施，归根结底建立在新的经济增长方式的基础上。而这种增长方式的转变越彻底、越成功，人与资源、环境关系的新阶段就越早来临。

1972 年在斯德哥尔摩人类环境会议所发表的《人类环境宣言》，标志着全人类对环境问题开始形成共识。但即使在这次会议上，人们谈论的焦点也仅仅集中在如何保护和维护我们这个小小的星球。一些比环境污染本身更重要的问题，如全球气候变暖和臭氧层，还几乎不为人们所认识。当 1985 年来自发达国家和发展中国家的 29 位科学家聚会奥地利，对气候变化进行认真讨论时，才认为气候变化必须被看成是一种有根据的和严重的可能性。自此之后，全球变暖和气候变化问题才真正成为全球关注的紧迫问题。1990 年 11 月于日内瓦召开的第二次世界气候大会得出的结论认为：如果全球温室气体排放量不减少，到 21 世纪末，世界的气温将上升 2°C—3°C，海平面将上升 30—100 厘米，这种全球气候变化的速度在过去的一万年中是史无前例的。在 1992 年巴西里约热内卢召开的联合国环境与发展大会明确认为，臭氧层耗竭和全球气候变暖是自斯德哥尔摩会议之后发现的对地球及其居民的严重威胁。联合国环境与发展大会的一个重要的功绩，就是使环境保护与经济发展相互依存和不可分割的发展思想被与会各国所接受，使工业革命以来那种高消耗、高消费、高污染的、不能持续的生产方式和消费方式遭到否定；大会要求世界各国必须放弃传统的经济发展模式，建立经济与生态环境相协调的可持续的经济发展模式。

可持续发展观要求人们正确处理国家环境问题与全球环境问题之间的关系。承认生态危机的学者一般都把环境问题视为一个全球性问题。这主要是指环境问题的影响往往是全球性的。然而，我们也必须看到，每一个全球性环境问题都是某一个国家的行为引起的。正因为如此，如果我们不从国家的层面上追根溯源，那么，任何一个全球性环境问题都不可能得到圆满解决。这说明，任何一个国家的环境问题同时也是所有国家的问题。因此，世界各国在解决环境问题的时候必须同舟共济，齐心协力。以污染为例，发达国家的过度生产方式和过度生活方式往往导致严重的污染问题，而发展中国家在盲目追求经济增长过程中也引发了可怕的污染问题。不管是哪一种污染，都会危害其他国家。污染是不分国界的。发达国家的废气会不受阻碍地吹到发展中国家，发展中国家的有毒气体也可能不受限制地飘入发达国家。这些可怕的气体作环球旅行时并不需要一本国际护照。因此，污染问题的解决是以世界各国的共同努力为基础和前提的。

目前，世界一体化浪潮已经席卷全球。把整个地球连在一起的，并不仅仅是金融和互联网，还有人类所共同面对的恶化的生态环境。如果说前者是人类自发地联合在一起的话，那么后者则把人类紧紧地“拧”在一起。在这种形式下，地球村如果不联合行动，还是为了本国本民族的利益各作主张，可持续发展就无从谈起。各国的国情不同，实现可持续发展的模式也会不同，但各国为实现可持续发展都必须适当调整国内和国际政策。只有通过全人类的共同努力，才能实现可持续发展的总目标，才符合全人类的共同利益。

生态环境问题，特别是严重的生态环境问题最早产生于欧美、日本这样一些现在的发达国家。因为它们率先开始了工业化的进程。但是，在经历了一段时间的环境污染的折磨之后，这些国家普遍行动起来，建立起了从公民日常行为规范，到企业生产标准，乃至政府发展规划等整体的对付生态环境危机的机制。在这些发达国家，污染增长的势头被遏制，已经造成的污染已经在很大程度上被治理，甚至自然生态体系也在一定程度上恢复着。英国人自豪地宣布伦敦雾已经消散了，德国人重新吃上了莱茵河中的三文鱼；日本人也宣称，日本不再是公害列岛。

比起发展中国家，发达国家的环境意识更为深入和普及，生态环境问题在社会中也被置入一个更为重要的位置。那么，这是否意味着发达国家在生态环境问题上已经尽到了义务呢？问题恐怕不那么简单。这些国家在历史上，一半是通过市场的和平扩张，一半是通过暴力的征服，确立了自己发达国家的地位，也把工业文明体制带到了全世界。西方殖民者在亚、非、拉掠夺性开发当地的矿务资源和其他自然资源，毁坏了森林，破坏了环境。

第二次世界大战之后，虽然许多殖民地国家走上了独立发展的道路，但是由于工业化水平太低，它们在世界工业文明体系中依然处于向发达国家提供自然资源的地位。可以说，它们被迫为着发达国家的利益，出卖着自己的资源和生态环境。如，许多发达国家禁止本国森林资源的砍伐，却大量从发展中国家进口木材，导致大量热带雨林被毁。在这个意义上可以说，发达国家通过牺牲发展中国家的生态环境利益，保护了自己的生态环境。在此基础上，发达国家实际上是今天地球资源的最大消耗者和最大受益者，同时也是温室气体和其他一些污染物的最大来源。据统计，占世界人口不到10% 的美国和欧盟 15 国，每年排放的二氧化碳量分别占全球的36. 1% 和 24. 2% 。所以，发达国家在生态环境问题上应该负起更大的责任。

发达国家对发展中国家追求合理社会发展和保护生态环境负有道义上的责任。由于上述历史原因，发展中国家在世界经济竞争中处于弱势地位，它们自身没有能力既解决严重的贫困问题，又妥善地保护好生态环境。发达国家首先应该负起一定的经济责任，帮助发展中国家解决粮食、卫生、教育等问题，使它们在解决贫困问题的基础上为保护生态环境投入资金和精力。在一系列国际会议和这些会议制定的章程中，发达国家也曾经做出过援助的承诺，但这些承诺大都没有完全兑现。

其次，发达国家应该在经济发展和生态环境保护方面向发展中国家提供技术援助。通过绿色技术解决贫困问题、减少和治理污染是发展中国家走上可持续发展道路的有效途径。但是，先进的技术都掌握在发达国家手中。发达国家借口知识产权保护，拒绝向发展中国家提供先进的技术或要求高额的专利费用，使得这些绿色技术难以在发展中国家推广。发达国家通过这些技术减少并有效治理了自己的污染，但是，仅仅发达国家自己清洁了，能解决全球性的环境污染问题吗？发达国家只是片面地要求发展中国家减少污染，不提供应该的援助，这对于生态环境问题的解决无异于南辕北辙。

发达国家在生态环境问题上不仅仅负有援助的责任，而且应该改变他们奢侈性的资源消耗方式，在减少资源消耗和减少污染方面负起更大的责任。像美国，人口不到世界的1/20，资源消耗却占世界消耗量的近1/4。汽车、空调等现代化设施和精加工的食品、服装及其他时髦产品，使发达国家居民达到了高水平的物质生活水平。与之相适应的则是资源的大规模消耗和巨量污染物的排放。发达国家既是生态环境问题的始作俑者，也是今天生态环境问题的祸根。但是，发达国家并没有负起它们应该负起的责任。29个发展中国家率先签署了《京都议定书》，发达国家则在此问题上讨价还价，美国至今拒绝签署这一《议定书》。究其原因，是它们不愿意改变那种反生态的奢侈生活方式。所以，发达国家虽然在很大程度上解决了自己的环境问题，但是在世界生态环境问题上，它们远远没有尽到它们应有的义务和责任。

在发达国家走上工业化道路时，大多数发展中国家还处在农业社会的水平，甚至有些还停留在狩猎、采集的阶段。殖民主义和全球化浪潮把它们卷入世界工业文明体系之中。发展中国家处在工业文明体系的外围和边缘，它们为发达国家提供工业原材料和廉价劳动力，却难以享受到工业物质文明的成果。与此同时，发展与生态环境的矛盾却成为发展中国家的一个突出问题。

发展中国家发展与环境的矛盾集中表现在人口问题上。工业化的一个突出成就是对疾病特别是传染病的控制，这使得死亡率，特别是婴儿死亡率大为降低，于是世界人口爆炸性地增长。在21世纪之初，世界人口已经超过60亿，其中发展中国家人口占世界人口的79.8%。这些地区因种种因素生产发展缓慢，技术落后，人民生活水平低下，卫生服务状况落后，人口健康素质差。为了改变这种状况，许多发展中国家走上了一条拼资源的发展道路，不惜以环境为代价，追求经济增长。结果，处于亚洲、非洲、拉丁美洲的南部不发达国家成了世界生态环境问题的焦点地区。亚马孙雨林、东南亚、中非热带雨林是全球之肺，地球一半的氧气和2/3的物种资源来自这三个地方。而现在它们正以每年10余万平方公里的速度遭到破坏，如果这种破坏保持这个速度，到22世纪中叶，这三片雨林将被剃光。

热带雨林是地球的肺叶。温室效应除了温室气体的排放之外，另一个重要的原因就是雨林的破坏。为了解决粮食问题，大量地毁林垦荒；为了获得发展的资金，大量的砍伐木材，森林只能是一天天地减少。森林砍伐，加剧了水土流失，土地日渐荒漠化。在非洲，从海洋蒸腾的水汽只在沿海形成大规模降雨。只有通过森林、草原的二次蒸发，才能在一些内陆形成降雨。由于人口的膨胀，人们大量毁林种田，导致气候干旱，荒漠化问题严重。许多人失去了家园，沦为环境难民。同时，森林的减少加剧了温室效应，温室效应使全球变暖，进而使极地冰川消融、大气环流异常，这会使海平面升高而很多地区缺水，使得土地荒漠化更加严重。为了满足新增人口粮食的需要，只得更大规模地砍伐森林，造成恶性循环。

人口问题越来越引起国际社会的重视。从1954年至今，联合国几次召开世界性人口会议。1994年9月5日至13日在开罗召开的第三次国际人口与发展会议，来自182个国家和地区的15000多名代表参加了这次会议。这次会议第一次将人口问题与可持续发展联系起来。会议最后通过的《行动纲领》，呼吁各国加强在人口与发展领域的合作，解决人类面临的共同问题。今年6月30日至7月2日联合国召开世界人口和发展特别会议，再次从人口与经济、社会、资源、环境和可持续发展的战略高度认识解决人口问题的重要性。

几十年来，许多国家在人口控制方面取得了重大成就，同25年前布加勒斯特首届国际人口与发展会议时相比，今天的情况有了很大变化。发展中国家妇女人均生育子女数量显著减少；采取计划生育措施的夫妇由当时的30%增加到现在的60%；世界人口的年增长率已由六十年代的2%下降至现在的1.33%，但这并不代表人口数目的下降。有关统计数字表明，世界人口目前平均每年增加7800多万，相当于法国、希腊和瑞典人口之和。在未来25年内、非洲人口将从现在的7.78亿增加到14.54亿，亚洲人口将从35.88亿增加到47.85亿，欧洲是唯一人口减少的地区，人口将从7.29亿下降到7.01亿。看来，发展中国家人口与环境问题的尖锐矛盾仍需要坚持不懈的努力去解决。

由于在现代化的开始阶段就遭遇了经济的全球化竞争，并且希望迅速赶上工业化国家，许多发展中国家在现代化过程中都走上了一条追求单一经济增长的道路。由于缺乏竞争的资本优势和技术优势，发展中国家在经济发展中不得不高度依赖对资源的开发，从而沦为发达国家的原材料供应地。个别发展中国家依靠其独特的资源优势迅速富裕起来。如西亚、北非的一些伊斯兰国家凭借其丰富的石油一举从穷国转变为富国。但是，大多数发展中国家的矿物资源不足以支持本国的经济发展，这些国家就走上了拼生态资源的道路。它们要么直接砍伐森林，（个别人还偷猎野生动物），过度垦殖；要么采用被发达国家淘汰的设备或技术进行产生大量污染的低效率的生产。这样，就出现了这样一种局面，要么这个发展中国家没有什么发展，它的生态环境得以保持；要么发展中国家追求经济增长，那么其生态环境就迅速恶化，而且恶化的状况大大超过发达国家。

发展中国家陷入了一个怪圈，要么不发展；要么发展，但迅速破坏生态环境。要走出这个怪圈，除了发达国家负起它们的责任之外，发展中国家也应该重新反省自己的现代化道路。在这个环境问题成为世界性焦点的时代，发展中国家必须克服急功近利的心态，不要再把追求单一经济增长的工业文明模式当作自己的目标，而应该以人与自然和谐的生态文明作为自己发展的目标。在这后一目标中，经济的增长服从于人的全面发展，现代化的技术服从于人与自然的和谐。要实现这样的目标，首先必须依靠国际社会的共同努力，向发展中国家提供援助，提供绿色技术。其次，发展中国家要发展最终必须依靠自己，创造一个稳定的社会环境，达成保护生态环境的共识，走综合发展和可持续发展的道路。

第五节　可持续发展观的价值取向

传统发展观（指工业文明的发展观）是建立在“发展是天然合理的”这样一个哲学信念之上的。在这种信念的支配下，传统发展观所关注的只是如何发展得更快，而对“为了什么而发展”和“怎样的发展才是好的发展”这样一个目的论、价值论的问题却毫不关心；社会发展理论也仅仅被看成只是研究社会如何发展得更快的科学，却忽视了关于社会发展的哲学问题。因此，对发展本身价值问题的排斥，是传统发展观的基本特征。但是，这并不意味着这种发展观没有它的价值观。把经济增长看成是发展的唯一的终极的目的和根本的价值取向，而不管这种经济增长对自然界、对人的可持续生存和发展有什么后果，这本身就是它的价值观。这种价值观把人看成是一种绝对的主体，而外部自然界则仅仅被看成是一种供人“占有”、“消费”、“使用”的对象。在这种价值观看来，所谓价值，就是客体对主体的意义或有用性。这样，自然界就仅仅被看成是一种满足人类需要的“消费性价值”。在这种价值观的支配下，人们对自然界采取了无节制地征服、支配、掠夺、占有和挥霍的野蛮态度，自然界是仅仅被作为人类的消费对象来对待的。人们相信，人类的活动所受到的任何限制不具有终极的性质，它对我们来说都是暂时的，最终都是可以通过科学技术的发展得以解决的，人们相信，自然界永远是人类的奴仆，我们可以对它任意进行宰割和鞭挞。

“主客二分”的思维方式是传统发展观的价值观的哲学基础。这种价值观是建立在主客体二元对立的基础上的。当然，我们不能一般地否定主客体区分的理论意义和实践上的积极意义。在人与自然的关系中，人是能动的存在物，他只有靠对自然界的能动改造才能生存。因此，我们不能简单地把人看成是动物界的普通一员。只有在理论上坚持这点，我们才能合理地把人同动物区别开来。主客体的区分在实践上也是有积极意义的。工业革命以来，科学技术的飞速发展，劳动手段的不断更新，仿佛魔术般地呼唤出来的生产力的发展，都与人类的主体意识有关。但是，这种价值观毕竟是建立在对人和自然关系的片面理解基础上的。由于人们在理论和实践上都片面地处理了人同自然的关系，因而造成人类当今的困境和危机就具有必然性了。

在人与自然的全面关系中，不仅包含主客体关系，而且还包含整体与局部、系统和要素之间的关系。在这个关系中，自然界是系统的整体，而人不过是系统整体之中的一个局部的要素而已。人与自然之间的主客体关系仅仅是全面关系中的一个方面，但人们却仅仅立足于这一个方面的关系去处理一切理论和实践的问题。我们过去常说的"人与自然界之间的主客体关系"，仅仅就人与"外部局部自然物"的关系而言才是正确的；人是主体，与人发生现实关系的外部局部自然物是客体。从逻辑上说，系统整体之中的局部要素不可能成为系统整体的主体。人不可能把自然界系统整体作为他的实践对象。因此，从人与自然的第二种关系来看，人只能作为自然界系统整体之中的一个要素在系统整体规律的决定下参与整体的运动。在人与自然界整体的关系中，自然界整体是决定者，作为局部要素的人是被决定者；自然界整体的规律性和动态结构的阈限构成了人类实践活动的绝对限度。在这个关系中，"主客二分"的思维方式就不适用了。

在这个意义上说，自然界不仅仅是人的"环境"。把自然界完全看成人的"环境"，也是以"人是主体，自然是人的外部的对象"为前提的，即以主客二分为前提的。只有从人的立场来看，自然界才是人们实践活动的外部环境。因此，把人与自然的关系完全看成是“人与环境”的关系，也只是就人与自然关系的第一个方面而言才是正确的。从人与自然关系的第二种含义上说，局部要素是在整体规律的决定下运动的，二者的关系不是主客体关系，当然也不是“人与环境”的关系。我们常说的“环境污染”、“保护环境”的“环境”，实际上都是立足于“人与自然界互相外在”的观点来看待人和自然界的关系的，都只是在人与自然关系的第一种意义上说的。如果我们从第二种意义来看，人与自然之间的关系就是整体与局部要素之间的关系。当我们从人与自然的第二种关系去看自然界的价值时，就会形成一种新的价值观。生态伦理学的价值观正是立足于人与自然的第二种关系确立起来的。生态伦理学的价值观完全否定自然界的生态价值同人类的联系，把自然界的存在本身看作是价值论的唯一根据和尺度。生态伦理学所提出的“生态价值”是指物种和生命个体对其他物种和生命个体具有价值，对生态系统整体功能的完善也具有价值。

可持续发展的价值观立足于人与自然的全面关系来看自然界的价值观。这样它不仅承认自然界的消费性价值，而且承认自然界的生态价值。

人与自然之间关系的上述两个方面（即主客体关系和整体、部分的关系）在现实中是统一的，不存在两种关系各自独立存在的状况。当人作为自然界系统中的要素被系统整体决定时，他仍然不同于一般的动物，不仅是自然界的普通一员；而当人作为主体能动地改造着外部局部自然物时，他也不能摆脱自然界整体对他的决定作用。我们只能在思维中才能把这两种关系分开。但是，在性质上，这两种关系却是对立的：第一种关系是人对自然界的能动性，第二种关系是人在自然界中的受动性。与两种性质对立的关系相适应，建立在这两种关系基础上的两种价值观也存在着对立的性质，它们的价值概念也是不同的。

自然界的生态价值和消费性价值是两种完全不同的价值。第一，生态价值不是人类实践活动创造的，在这个意义上说，它是自然界本身固有的。第二，相对于传统价值观理解的消费性价值来说，生态价值是一种存在性价值。消费性价值只有在人们的消费中才能实现出来，而生态价值却只有在自然物不被消费时才能实现，如果我们把它作为消费价值消费了，生态价值也便消失了。只有认识到这一点我们才能找到当今世界生态环境遭到破坏的价值论根源。我们在实践中消费的，实际上不仅是自然物的消费性价值，连同它的生态价值也一起毁掉了，如果我们不节制我们的改造活动，当我们的改造活动的破坏性后果超过了自然界的“生态阈限”时，整个生态系统就将遭到彻底的破坏。我们目前面对的环境破坏，同我们的传统价值观只承认自然界的消费价值、不承认生态价值是直接相关的。

这里所讲的生态价值同生态伦理学立足于完全的自然中心主义立场上讲的生态价值概念是有区别的。当我们立足于人类的可持续生存和发展来理解生态价值时，生态价值概念应当包括以下特征：

第一，我们从全面地理解人与自然关系两个方面的立场出发来理解生态价值的根据。从这一立场出发，生态价值应当包含两个方面的根据：其一，它根源于自然生态系统整体的动态平衡规律。正是根据自然物在生态系统中相互联系、相互依赖的生态性质，我们才认识到自然物在调节生态系统平衡中的功能。没有生态科学关于生态系统规律的解释，就不会有生态价值概念。其二，它根源于人类对可持续生存与发展的价值选择。由于自然生态系统是人类生存和发展的支持系统，因此，保护环境、节约资源，是人类长远的生存和发展利益之所在，因而自然界的生态功能对人类的可持续生存和发展是有价值的。在这里，人类的可持续生存和发展的利益是确立生态价值的终极尺度和主体选择。当然，可持续发展观的价值观的主体选择，不同于传统发展观的价值观只追求消费价值的主体选择。为了全人类的可持续生存和发展的利益，我们不仅需要对自然界的消费，而且需要对自然界的保护，以维持自然界生态系统的平衡和稳定。为此，我们必须把人类消费自然界的活动限制在自然界的生态阈限之内，节制我们的无限欲求和对自然资源的浪费。

第二，我们把生态价值叫作存在性价值，仅仅是在同传统价值观理解的消费性价值相区别的意义上说的。传统价值观认为自然物只具有消费价值。而消费价值对人的消费来说是一种价值，但对自然界来说，这只不过是价值的毁灭。生态价值与此相反，它一方面是人类可持续生存和发展的支持系统；另一方面它也是维持自然生态系统平衡与稳定的机能。因而它无论对人类还是对自然界都是一种积极的价值。

传统价值观仅仅把自然界的价值理解为消费性价值，否定生态价值的存在；生态伦理学的价值观则完全否定自然界的生态价值同人类的联系，把自然界的存在本身看作是价值论的唯一根据和尺度。这两种价值观都是以片面地理解人与自然的关系为前提的。可持续发展观立足于全面理解人与自然的关系来确立它的价值观。从总体上看，可持续发展观的价值取向可以概括为以下三个方面：

首先，全人类的利益高于一切。生态价值概念的提出，为认识个人行为的全人类提供了价值论的根据。生态价值不同于消费性价值：消费总是个体的消费，因而消费性价值总是同个人联系在一起的。所谓“私有财产不可侵犯”的原则，就是对广义的消费价值而言的。但是生态价值却不具有个体性，而是具有全人类性，它不属于任何个人所有，对环境的破坏的后果也不仅仅危及个别人的生存，因为它是全人类持续生存的必要条件。因此生态价值的毁灭，就是对全人类可持续生存利益的损害。我们现在面临的危机是生态危机，也是全人类的可持续生存的危机，因而任何个人影响生态环境的行为都不是纯粹的个人行为，因为它不只是影响局部哪一个人的利益，而是危害了全人类的可持续生存利益。

不仅个人行为都影响到人类的存在，而且个人的生存命运也同全人类的生存命运直接相关。人类的生存是个人生存的基础和前提，个人的生存利益只有通过全人类的生存利益的实现才能实现。仅就作为消费价值的个人财富来说，只具有个人性，人们可以靠掠夺他人的财富使自己致富，也可以把自己的灾祸转嫁给他人，把自己的富裕建立在他人贫困的基础上。但是，对生态价值却不能如此。谁都不能在自己的行为破坏了生态环境时，只使别人受害而不殃及自己。个人不能把自己的行为后果转嫁给他人而使自己免受惩罚，因为破坏了全人类的生存利益，也就是破坏自己的生存利益。

因此，在我们的个人、民族、国家的行为中，应当把全人类的利益看成最高利益。保护全人类的利益，应当成为我们的最高价值尺度。资本主义工业文明的商品经济社会是一个以个人为本的社会。在这个社会中，每个人的行为都是从个人利益出发的；个人利益被看成是最高的利益；个人利益的实现是行为的最高价值尺度。因此，这样的社会排斥自觉维护全人类利益的行为。可持续发展的社会是“类本位”的社会。每个人都必须以全人类的利益为重，以全人类的利益为最高尺度对自己的行为进行反省和矫正，在实现全人类利益的行为中，也同时实现个人的合理利益。

其次，人类生存利益高于一切。近代工业文明的经济增长已经背离了人类的生存利益。主要表现是：第一，它的生产和消费都不是从有利于人类的健康和生存需要出发的。在这种发展模式中，经济增长的目的是为了获得更大的利润和积累更多的财富，而不是人类健康生存的需要。从这个目的出发，生产经营者通过广告刺激消费者同样是背离生存需要的无限“欲求”；以便把他们的销售意志转变为消费者的消费意志；消费者的欲求又进一步刺激了生产经营者获得更多财富的欲望，进一步扩大生产。这就形成了一个无止境的循环，在二者的相互作用中，经济增长离开了需要的目的，获得了无限增长的可能性。生产经营者的贪欲和消费者的挥霍的后果就是大量的无意义生产和无意义消费的产生，这不仅浪费了大量的资源，而且加重了对环境的破坏。第二，大量有害生产和有害消费的存在，已经危害了人类的健康生存；由机械化和自动化的普及引起的体力活动的减少也造成了人的生命质量和活力的降低。现代社会的许多疾病都与我们津津乐道的生活水平提高直接相关。第三，我们无节制地对自然界的掠夺性开发，也是对人类的可持续生存的威胁。这就决定了，在资源危机和生态环境危机日益严重的条件下，我们必须从根本上改变传统的价值取向，抛弃那种背离人类生存利益，只追求非生存利益的价值取向，改变那种追求享乐的人生态度。在解决生存利益于非生存利益的关系中，应当把生存利益作为最高利益，以节约资源和保护环境，保证人类的可持续生存和发展。

第三，人类可持续生存利益高于一切。可持续发展观不仅把“类的利益”放在第一位，把“人类的生存利益”放在第一位，而且把人类的“可持续生存的利益”放在第一位。

这种价值取向改变了人类历史的时间向度，在时间观念上发生了一个根本性变革。农业文明的时间概念是“过去”高于一切。农业和手工业技术是建立在过去千百年来形成的经验基础上的。祖先们留下来的生活经验、秘方、秘诀是人们赖以维持生存的基础。因此，这种文化是一种“向回看”的文化。一切都以既定的、已有的模式为准绳，什么都要用过去的尺子来衡量。一切古人的生活秩序和准则，都被看成是最好的，是现实应当效仿的榜样。这样，“过去”就被看成是具有最高价值的，是我们的人生目标和社会变化的归宿。这种文化没有给未来和现实以应有的地位。因此，这种文明的发展是极其缓慢的。建立在近代工业文明基础上的时间观念是只注重现实，不问过去和未来。商品经济价值观是功利主义、实用主义的价值观，它只注重实惠和失效。因此，它只关心有限的、看得见的东西，不关心无限的终极的东西，不关心未来。它的人生哲学是：“不求天长地久，只要曾经拥有”、“过把瘾就死”、“人生短暂，不要留下遗憾，过去和未来，重要是现在”，在这种社会中，许多人只顾“大把挣钱，大把花钱”，不顾行为后果，造成了当代人面临的困境和危机。

可持续发展观的时间观是面向未来的时间观。生态环境的破坏直接危及人类的生存，而人类的生死存亡，在时间上是不可逆的。

人类灭亡了，再也无法补救了。这是一个终极问题，对这个问题是不容许试错的。这就决定了我们必须以人类的可持续生存为最高目标，来确立我们的价值取向，在人类可持续生存目标的导引下，来决定我们现在的行为策略。我们不仅关注当代人的利益，而且更关注未来子孙后代的生存利益。不仅我们当代人自己要生存，而且也要使我们的子孙后代能够继续生存。未来是关系到我们人类生死存亡的问题，是关系到人类这个物种能否在地球上继续存在的问题，因此它应当成为我们的最高价值取向。

从经济学角度看，可持续发展观的哲学意义在于它实现了由传统的资源经济观向新生产观、新财富观、新效率观的转变。传统发展观的主要缺陷在于：它完全忽视了现代经济社会的健康、稳定、持续发展的前提条件是要维持自然生态财富的非递减性，完全否定了自然资源和自然环境的承载力即生态环境支撑能力的有限性，完全违背了经济不断增加和物质财富日益增加要以生态环境良性循环为基础的这个基本法则。传统发展观的一个不证前提是将自然资源视为自然再生产的结果。因而人类可以不加限制地无偿索取和占有，而不必顾虑经济活动所引起的变化及其反作用，这是导致资源滥用和生态系统恶化的认识论根源。因此，可持续发展观必须摒弃传统的资源经济观而面向新的观念转变。

传统的生产力常被定义为“人类征服和改造自然的能力”。按此定义，人类采用单程式生产方式，对资源大肆采掘而不考虑其承受能力，不仅将许多资源采光用尽，而且招致污染公害，造成当代环境问题。因此必须以新的观点来看待生产力，这就是可持续发展的新生产观。其要点是：第一，生产系统与资源系统应保持平衡关系。生产活动必须考虑生态效应，如资源补偿和再生产能力，废弃物的容纳、消化或分解能力等。生产活动应在保持环境不会发生不可逆变化的限度内进行。第二，生产既包括物质要求的再生产，亦包括人口的再生产和满足人类精神文化需求的物质条件的再生产。第三，生产与消费应组成一种还原再生的循环关系。物质产品消费后可借助工艺技术回归于生产，使废弃物再资源化，形成一种生态生产方式。

传统发展观认为对自然资源攫取、占有、使用的量越多就越拥有财富。这种观点用于个人或集团则导致社会不公；用于国家则造成不能持续发展。因此新的财富观认为：第一，自然资源是原生物质财富，人类所创造的一切财富无不来自于自然界。人类劳动所创造的财富不过是自然资源的转换形态而已。第二，节约即增加财富。节约的意义是以节省的方式形成财富，以集约的形式利用财富。在生产过程中节约原料和能源，既减少污染，又增加资源的有效成分，从而增多了财富的供给。第三，科学技术可以使一些新的资源被发现，原有的资源可以开发出新的用途，使潜在资源变为显在财富。因此，科技是点金术，而掌握科技的人才是最可宝贵的财富。第四，质量是财富增长的本质要素，质量的损失是资源与财富的实质性损失。以质量损失为代价的数量增长，不是真正的财富增长。

在资源短缺的现代社会，效率是人们注视的焦点。新效率观的要点是：第一，重视物质要素的产出效率。可持续发展观在经济活动中引入“全要素生产率”或“综合要素生产率”的概念，以对资源的总体效率作出合理的核算和估价，改善可体现物质要素效率的产出率、消耗率、转化率等单项指标，借以提高资源的充分利用水平。第二，多点位、多环节地考察物质资源的产出效率。如考察资源开发活动的相互影响和相关效率，避免局部增益而全局受损、短期增益而长期减益的现象。又如考察资源多种利用选择的“机会效率”，避免资源因利用方向选择错误而丧失其最大的使用价值。

提高资源使用效率不是权宜之计，而是从世界资源总短缺这一不可逆转的长期趋势出发的，也是从环境容量的有限性出发的。针对上述情况，新效率观在提高资源的利用水平或其产出率上做文章，从而相对减少或降低资源的耗用量和占用率，这是使经济与环境协调发展的根本措施。

从社会学的角度来看，可持续发展观的哲学意义就在于它实现了从以经济增长为核心到以社会全面发展为宗旨的转变。传统发展观实质上是一种片面的经济增长观，它把社会的发展仅仅看作是一种经济现象；把经济增长过程又片面地归结为物质财富的增长过程；在经济运行过程中见物不见人。这种片面发展观导致了如下后果：第一，经济领域的负面效应。不断增加投入的外延式增长激发出各种短期行为，在近期内可获利的产业和行业迅速扩张，而对发展真正具有长远价值的行业受到抑制，造成产业结构的畸形发展。第二，把人变为实现增长的工具和手段，造成劳动者的畸形发展，成为"单向度的人"。第三，把人和群体都设想为只知追求自身利益的"经济人"，设想为只会根据物质利益需求对价格信号作应答反应的机器，从而把文化因素从经济主体中排除出去，造成经济和文化的对立。第四，导致拜金主义、利己主义、享乐主义的蔓延泛滥，从而造成深刻的文化危机。而可持续发展观则采取了与传统发展观完全不同的社会哲学观念。

经济发展是社会发展的物质前提，社会发展是经济发展的重要保证。经济发展不是单纯经济增长，社会制度和社会结构的变迁以及社会福利设施的改善具有同等重要的地位，而经济发展应与这些方面保持均衡协调。

发展是整体、综合的和内生的。所谓"整体综合"发展，是将社会看作是由许多子系统构成的有机整体。其发展不是各个部分发展的简单总和，而是各要素之间的协调运行和总体运转的最佳化。经济发展不能以牺牲其他部分的发展为代价。所谓"内生的发展"是指既要运用恰当的技术创新合理地开发与利用本土资源，同时又不破坏自身的传统与习惯。发展中国家不应照搬西方模式，重复工业化的老路，而应自力更生，寻求适合于自己的发展道路，从而实现必要的国际合作与自身自由发展之间的协调一致。

人是发展主体，是发展的最终目标，其他发展都是为人的发展创造条件。可持续发展的最终目标是满足人的需求，使人生活得更加幸福和美好。人作为社会经济活动的主体，既是可持续发展的目的，又是实现可持续发展的动力。适度的人口规模可以促进可持续发展，而人口规模过大，人口素质不高，则会成为可持续发展的障碍。因此，可持续发展必须以人的“能力本位”为核心，以人的全面发展为目标，提高人的科学技术和文化水平，增加人力资本存量，从而形成社会系统全面进步和不断更新的持续发展能力，以保证生态、经济、社会的可持续发展。

从以经济增长为核心到以社会全面发展为宗旨这一社会哲学观念的转变，是社会发展对传统发展观的辨证扬弃，并不是对传统发展观的全盘否定。这种转变的意义就在于突破了把经济发展与社会发展相等同的狭隘观念，丰富了“发展”概念的内涵，扩大了它的外延范围。

从人文主义哲学的角度来看，可持续发展观的哲学意义就在于它实现了从以发展的客体为中心到以发展的主体为中心的转变。传统发展观的重心在于 GNP 的增长，这种以增长为核心的发展只是社会发展的外在表现形式之一，是为人的发展所提供的物质条件或手段。这种条件或手段是发展的对象或客体，我们称之为“以客体为中心”的发展。可持续发展观认为发展是指人而不是物。人是发展的主体，在创造完美世界的同时又使自身得到完善发展；人是发展的动力，依自身需求致力于外在对象和关系的改造，推动人类文明程度的不断提高；发展又取决于人的文化观念和人的活动的文化方式，发展的一切活动都要受到人类主体的限制与约束。

所谓“人的发展”是指人在各个生活阶段上的发展，是个人、社会、自然之间某种和谐关系的构成，它保证人的潜力得到充分发挥，而又不使社会或自然受到损害、掠夺或破坏。这一定义揭示了人的发展之本质和人与社会发展的关系。阿根廷的马尔曼博士认为，人的发展即人的潜力之发挥，发挥人的潜力就是解决人生各阶段的“贫困”，这种贫困既指缺乏物质条件，亦指交往、了解、兴趣等方面的贫困。这些贫困构成人生内在危机，社会发展的任务就是帮助人们解决这些危机。从根本上说，发展亦是人之素质的提高或能力成长之过程，它包括：(1)基本需求的满足；(2)素质的提高；(3)潜力的发挥。基本需求可分为物质和精神需求两个方面，它是人全面发展的先决条件。素质的提高包括身体、心理、文化、道德等方面的素质，它们是人的发展的决定性因素。潜力的发挥是指人认识、理解和有意识干预现实世界变迁的思维能力、创造能力等。发展就是要使这些潜力得到充分发挥。

可持续发展观所具有的人学意义还表现为：第一，对待人类的未来发展，它倡导代际公平等原则。强调当代人对后代人应当赋有自觉的“类”意识，担当起为后代开创美好生活的责任。第二，对待人类的现实发展，它倡导代内平等的原则。强调任何国家和地区的发展，不能以损害其他国家和地区的发展为代价，特别是应当顾及发展中国家的利益和需要，从整体上防止国与国、民族与民族、地区与地区间的贫富分化。第三，将人的不断完善当作战略旨归。可持续发展观主张人与自然的和谐统一，其根本立意在于把人从与自然的严重对立中“解放”出来，进入人与自然的高级阶段的统一。

以人为中心的可持续发展观把人置于发展的核心地位，是发展观的一次历史性变革，因而成了当今世界发展哲学的主导思潮。

可持续发展观的提出标志着人类根本价值观革命性转变，标志着人类对人与自然关系认识的质变，因此，它很快就得到了国际社会的普遍认可，并成为世界各国制定发展战略、政策的基本理论依据。联合国已经确认可持续发展观的根本地位，要求世界各国走可持续发展之路，为实现世界经济的持续发展作出各自应有的贡献。正是从这种意义上讲，可持续发展观既是目前指导各个国家发展的共同价值观，也是未来任何时代引导人类生存和发展的共同价值观。

人类社会的可持续发展是全人类的共同事业。具有空间上的全球性和时间上的无限性。这意味着，它既不是各个国家、地区或每一行业、部门可持续发展的简单相加，也不是几代人的努力就可以实现的。人类社会的可持续发展必须以每个国家、地区或行业、部门在不同时段的有序发展或协调发展为基础。因此，同人类社会已经历的生存与发展阶段相比，可持续发展阶段既是人类社会进化的一个新的历史时期，又是一个漫长而无止境的人类社会演绎的最高阶段。

参考文献

1. 阿尔温·托夫勒：《第三次浪潮》，上海：三联书店 1984 年版。

2. 世界环境与发展委员会：《我们共同的未来》，北京：世界知识出版社 1989 年版。

3. 霍尔姆斯·罗尔斯顿：《环境伦理学》，北京：中国社会科学出版社 2000 年版。

4. 威廉·莱斯：《自然的控制》，重庆：重庆出版社 1996 年版。

5. 米都斯：《增长的极限》，长春：吉林人民出版社 1997 年版。

6. 蕾切尔·卡逊：《寂静的春天》，长春：吉林人民出版社 1997 年版。

7. 巴里·康芒纳：《封闭的循环——自然、人和技术》，长春：吉林人民出版社 1997 年版。

8. 联合国：《21 世纪议程》，北京：中国环境科学出版社 1993 年版。

9. 施里达斯·拉夫尔：《我们的家——地球》，北京：中国环境科学出版社 1993 年版。

10. 胡涛等：《中国的可持续发展研究——从概念到行动》，北京：中国环境科学出版社 1995 年版。

11. 汉斯·彼得·马丁、哈拉尔特·舒曼：《全球化陷阱》，北京：中央编译出版社 1998 年版。

12. 本罗伯特·艾尔：《转折点——增长范式的终结》，上海：上海译文出版社 2001 年版。

13. 阿尔·戈尔：《濒临失衡的地球——生态与人类精神》，北京：中央编译出版社 1997 年版。

14. 滕藤：《中国可持续发展研究》（上、下卷），北京：经济管理出版社 2001 年版。

15. 余谋昌：《生态伦理学——从理论走向实践》，北京：首都师范大学出版社 1999 年版。

16. 罗国杰：《中国传统道德》（理论卷），北京：中国人民大学出版社 1995 年版。

17. 余谋昌：《生态文化论》，石家庄：河北教育出版社 2001 年版。

18. 何怀宏：《生态伦理——精神资源与哲学基础》，石家庄：河北大学出版社 2002 年版。

19. 佘正荣：《生态智慧论》，北京：中国社会科学出版社 1996 年版。

20. 拉兹洛：《第三个 1000 年：挑战与前景》，北京：社会科学文献出版社 2001 年版。

21. 杜宁：《多少算够——消费社会与地球的未来》，长春：吉林人民出版社 1997 年版。

22. 郇庆治：《自然环境价值的发现》，南宁：广西人民出版社 1994 年版。

23. 中共中央文献研究室：《科学发展观重要论述摘编》，北京：中共中央文献出版社 2008 年版。

24. 陈学明：《谁是罪魁祸首——追寻生态危机的根源》，北京：人民出版社 2012 年版。

25. 中国生态文明研究与促进会：《生态文明建设：理论卷+实践卷》，北京：学习出版社 2014 年版。

26. 中国科学院可持续发展战略研究组：《2013 中国可持续发展战略报告：未来 10 年的生态文明之路》，上海：三联书店 2013 年版。

27. 卡洛林·麦茜特：《自然之死》，长春：吉林人民出版社 1999 年版。

28. 费·卡普拉：《转折点》，北京：中国人民大学出版社 1998 年版。

29. 赫尔曼·E. 戴利：《超越增长》，上海：上海译文出版社 2001 年版。

30. 巴里·康芒纳：《与地球和平共处》，上海：上海译文出版社 2002 年版。

后　记

党的十七大首次把“建设生态文明”作为全面建设小康社会的新要求，党的十八大把生态文明建设与经济建设、政治建设、文化建设、社会建设一道，纳入中国特色社会主义事业“五位一体”总体布局，明确提出努力走向社会主义生态文明新时代。

建设生态文明，是关系人民福祉、关乎民族未来的长远大计。面对资源约束趋紧、环境污染严重、生态系统退化的严峻形势，必须树立尊重自然、顺应自然、保护自然的生态文明理念，把生态文明建设放在突出地位，融入经济建设、政治建设、文化建设、社会建设各方面和全过程，努力建设美丽中国，实现中华民族永续发展。坚持节约资源和保护环境的基本国策，坚持节约优先、保护优先、自然恢复为主的方针，着力推进绿色发展、循环发展、低碳发展，形成节约资源和保护环境的空间格局、产业结构、生产方式及生活方式，从源头上扭转生态环境恶化趋势，为人民创造良好生产生活环境，为全球生态安全做出贡献。

党的十八大以来，以习近平同志为总书记的党中央站在战略和全局的高度，对生态文明建设和生态环境保护提出一系列新思想、新论断、新要求，为努力建设美丽中国，实现中华民族永续发展，走向社会主义生态文明新时代，指明了前进方向和实现路径。

习近平同志强调，生态环境保护是功在当代、利在千秋的事业。要清醒认识保护生态环境、治理环境污染的紧迫性和艰巨性，清醒认识加强生态文明建设的重要性和必要性，以对人民群众、对子孙后代高度负责的态度和责任，真正下决心把环境污染治理好、把生态环境建设好。这些重要论断，深刻阐释了推进生态文明建设的重大意义，表明了我们党加强生态文明建设的坚定意志和坚强决心。生态文明建设是经济持续健康发展的关键保障。生态文明建设是民意所在、民心所向。生态文明建设是党提高执政能力的重要体现。

在刚刚结束的十八届五中全会上，党中央提出“绿色发展”的理念，必须坚持节约资源和保护环境的基本国策，坚持可持续发展，推进美丽中国建设。生态文明建设是我国现代化建设中相对薄弱的领域。当前，生态文明建设有赖于清洁能源生产和消费模式的转变，分步骤、有计划地推进生态文明建设十分必要。“绿水青山就是金山银山”，坚持绿色发展是经济新常态下的必然选择。我们一定要更加自觉地珍爱自然，更加积极地保护生态，努力走向社会主义生态文明新时代。